UNSTUDIO
知识赋能
建筑设计的 11 种工具
KNOWLEDGE MATTERS

［荷］ 本·范·伯克尔（Ben van Berkel）
卡罗琳·博斯（Caroline Bos） 著

裘 俊 陈 曦 毕懋阳 黄永辉 译

中国建筑工业出版社

自成立以来，UNStudio一直在尝试分析、提取、组织、嵌入、使可视化、重新诠释和生产知识。这涉及将研究深入到几何学、数字化生产、空间组织、材料效果和可实现的设计解决方案中最先进的部分。这些领域知识的集体生产在工作室的理念、关键领域与不同背景之间互换的空间设计中发挥作用。通过引入4个专门的知识平台，正式提出用于提取、研究和生产知识的公共空间。

UNStudio的知识平台是自组织的小组，从事知识的研究、分析和生产。它们结合在一起，代表了一种共同创作的建筑方法——在追求那些综合、聚集和反映这种综合智慧的建筑时，知识被共享。每个平台，在其特定的主题如可持续发展、组织、材料和参数化范围内，都必须通过内部倡议和外部合作提取特定的项目知识并产生新知识，目的是促进工作室内的知识交流，同时扩展我们与当前和未来合作者的传统设计项目。与设计工作之前或之后同时进行研究的惯例相反，知识平台构成了实践的一个组成部分。以交互式、非线性方式组织平台，项目关系使我们能够有效地将研究与实践相结合，以实现创新解决方案并发现新的设计架构方法。

目录

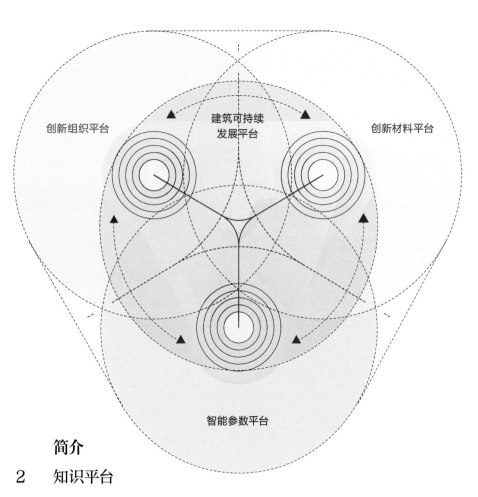

创新组织平台

建筑可持续
发展平台

创新材料平台

智能参数平台

简介

2 知识平台

56 知识工具

随笔

9 职业扩展

35 在网络模型中的知识实践

权属

382 项目成员名单

393 知识平台成员名单

396 精选书籍和出版物

397 历年获奖精选

398 图片来源

创新组织平台

60 **巨型节点**
61 吊顶和楼梯
74 屋面景观
82 立面

92 **扭曲**
93 原型
101 项目

130 **公共建筑**
131 身份
139 相互作用
144 连接

162 **控制的中庭**
163 离心
176 活力
194 包容性

202 **底层结构**
203 经验
212 流动性
221 速度

建筑可持续发展平台

234 **可获得性**
235 能源可获得性
244 材料可获得性
253 公众幸福感的可获得性

264 **连接的尺度**
265 流线的尺度
274 尺度控制

智能参数平台

282 **建模信息**
283 软BIM
286 硬BIM

292 **超越参数化**
293 控制机制
304 几何形体优化策略
310 环境分析
316 数字制造

创新材料平台

324 **轻型巨构**
325 几何图式
341 媒体模式

360 **双重材料**
361 类比反差
373 瞬态反差

创新组织平台

巨型节点 58
扭曲 60
公共建筑 92
控制的中庭 130
底层结构 162
底层结构 202

建筑可持续发展平台 232

可获得性 234
连接的尺度 264

阿纳姆中央车站 101 – 225 – 265 – 316
2017年阿斯塔纳世博会 242
贝多芬音乐厅 368
布鲁塞尔机场连接体 223
虚拟工程中心 189 – 235 – 298
樟宜机场综合体 90 – 142
芝加哥电影博物馆 208
收藏家的公寓 64
哥伦比亚南学院 186 – 376
舞蹈宫 304 – 378
梦想之家 166
教育局和税务局大楼 238 – 286
伊拉斯谟大桥 131
欧洲学校 137
富兰克林广场5号 330
加莱里亚中心城 163 – 347
加莱里亚百货商场 66 – 344
"日本之月" 巨型摩天轮 203
非洲大博物馆 314
汉街万达广场 174 – 308 – 353
韩华总部大楼 248 – 312 – 358
温伯格之家 68
HEM（生活景观） 335
度假屋 336
国际投资广场 279
克鲁努西拉特桥 226
库塔伊西国际机场 70
拉德芳斯 373
LIGHT*HOUSE 293
伦敦梅德尔桥 156
路易威登旗舰店 184
卢森堡世博会展览中心和克什伯格站 278
总体规划和火车站 216
杭州新区总体规划 260
站区总体规划 76
梅赛德斯-奔驰博物馆 122 – 198 – 214 – 367
音乐厅 110 – 158
中国美术馆 176 – 341
日本国家体育场 134
新阿姆斯特丹普莱因展览馆 98
新街站 230
观景台 372

智能参数平台

建模信息 280

超越参数化 282

292

环城公路 325
RIVM & CBG总部 179 – 253
石质座椅 339
新加坡技术与设计大学 78 – 205 – 255
SitTable 139
SOHO海伦广场 273
研究项目：SORBA镶嵌板系统 318
星空广场 171
工作室系列 140
台湾桃园国际机场3号航站楼 82
阿尔德莫尔公寓 95
伯恩汉美术馆 87 – 274
卡纳莱托大厦 93
更衣室 210
莫比乌斯住宅 212 – 361
斯科特大厦 276
UNStudio总部 182
W.I.N.D.住宅 258
阿格拉剧院 328
阶梯剧院 191 – 288
内置博物馆 141 – 348
三座博物馆和一个广场 148
旅游生物气候大楼 244
TWOFOUR54区块 300

明治通、表参道项目 296
帕罗迪桥 74 – 215
卡塔尔综合铁路 221 – 270
世界园艺博览会展馆 150 – 239
来福士广场 128 – 167 – 290
研究实验室 194 – 332
研究项目：光伏建造 251
研究项目：Osirys项目 262
巴萨里车站区总体规划 218

创新材料平台

轻型巨构 324

双重材料 360

联合车站 228
UNX2 320 – 334
V on Shenton 283
瓦尔霍夫博物馆 61 – 155
VI PALAZZO ENI总部 350
NM别墅 116 – 363
Waalse Krook，未来城市图书馆和新媒体中心 200 – 220
水边塔楼 310
新天地装置 371
永嘉世贸中心 144

职业扩展

建筑专业持续的思想体系和务实的专业化产生了一种概念上的职业角色的收缩——从通才模式转向特定的专业模式。这反映了相反趋势的一个重要事实：拓展建筑师的角色。也许针对建筑专业化和专业跨界这两种不同观点之间的对比，在今天看来尤为重要。建筑师不再仅仅通过接受培训来设计建筑，而是通过反思世界变化的方式——文化多样性的环境如何影响全球城市的结构，以及建筑世界对环境的长期影响来设计建筑。

该行业的执业机构经常被证明是脆弱的——经常在不稳定的文化、经济和政治转变中被重新定义。

本书强调了当今知识共享经济中叙事性建筑（performative architecture）的迫切性。通过对20世纪至今社会转变的评估，将"职业扩展"作为其切入点，记录了建筑行业持续扩张和收缩转变的能力。无论是自我反思，还是作为更大力量的必然结果，多次"扩展"表明当前的扩展并不罕见。相反，伴随时间的推进，这将是一个连续、稳步和恰当的建筑师的工作范畴。同时，在允许的条件下，建筑专业的诉求和争议已经被引导进新的领域。因此，该行业的执业机构经常被证明是脆弱的——经常在不稳定的文化、经济和政治转变中被重新定义。鉴于这种脆弱的概念，在UNStudio，我们选择以一种机敏灵活的方式来应对这种职业的变化。漫长的建筑历史脉络兼具"建造性和创造性"[1]的特点，本书正在批判性地应对这一职业所需面对的扩展需求 —— 将这些需求重新定义为21世纪叙事性建筑的内在潜力。

在这种背景下，建筑是一种媒介，通过这种媒介，知识的被动接受被重新想象为积极的产物。

职业拓展的需求在本书中被描述为"知识工具"。每个工具都是对现有条件的分析，同时也是建议的富有想象力的替代方案。然而，本书并不打算促成一种新的字面上的概念。相反，这本书不断地挑战职业和学科定义，挑战和发展对每个从业者所处理的环境都有重要意义的知识工具。在知识共享社会中，建筑的严格背景特性会持续提供理想的基础，使日益广泛和唾手可得的知识形式组织成不同的高参与度的实体。在这种背景下，建筑是一种媒介，通过这种媒介，知识的被动接受被重新想象为积极的产物。

概念上脆弱/物质弹性

城市本身的物质性使它能够生存，一旦形成便无可磨灭。相比之下，对于王国和民族国家甚至企业来说，更抽象的框架意味着它们可以悄无声息地消失。

萨斯基雅·萨森（Saskia Sassen）
《城市经济》（*The Economies of Cities*）

建筑学是一门投射学科——它关注对现实的分析而非虚构的可能性。作为一种职业，建筑师经常发展理论来实现概念意图和建构结果之间的推进关系。这往往是因为外界对建筑学的批评，即建筑在准确反映和响应全球经济方面的滞后性。然而，当建筑物受到其背景力量的影响时，特定理论的严谨性或对细节设计的极致追求往往会土崩瓦解。虽然建筑物在社会中的意义和作用可能会发生变化，但其物质存在仍然不变。[2]因此，建筑物可能不一定表现其原始理论，很多情况表明，建筑概念上的脆弱性与其物质上的韧性成反比。由于建筑设计参与的原始社会网络变得越来越疲惫不堪，我们认为一些潜在的挪用形式和文化效应会出现。因为建筑有能力参与多个网络，所以表现性成为一种重要的联系，通过它可以在今天的知识共享社会中进行职业扩展。

操演

UNStudio把建筑的表现性理解为一种分析性和建议性的工具，通过它可以深入理解建筑学在历史中不断变化的地位，以及其当前状态和未来的作用。表现性避免了简化的、封闭的项目描述，着力于建筑与对应语境下不同网络不断发展的对话。这不是放弃责任，而是对特殊性和灵活性之间的门槛限制的调和。

建筑物需要成为集体智慧的集大成者和原创者——以建筑形式实现，并结合实际进行更新。

表现性是了解建筑物、人、物体和环境的镜头。事物表现性的高低决定于其参与或者影响对应的网络的能力。这些网络是可延展的，包括但不限于以下任何一种：响应、反映或挑战客户任务书的能力，环境绩效，作为体现文化价值的指标，或者实际上的资本的代表、城市潜力和感知对公众的影响、重新利用的可能性、媒体对其的批判性接受程度、对行业的影响，以及对日常居民的影响。在当今的知识共享经济中，建筑物需要成为集体智慧的集大成者和原创者——以建筑形式实现，并结合实际进行更新。

混合

虽然建筑能够有效地参与上述网络的架构并触发某些表现性质，但更重要的是能同时将多网络混合在一起的技术，这种技术给予建筑全新的身份和表现形式。这使得原本离散的网络之间产生新的关系，激发了新的表现性上的可能性。正如我们1998年的出版物《移动》(*MOVE*)中介绍的，"混合"这个概念将持续为建筑物内网络拼贴的趋势提供渐进性的替代方案。虽然拼贴是当代城市条件下不可避免的一个方面，但它往往不能发现建筑功能在表现性效果上的问题——拼贴的创作只能来源于内容的邻接性。相反，"混合"模糊了惯例和表现限制，将它们吸收整合成一个新的整体，同时并不会显示出其网络各部分的源头。[3]

虽然我们可以创作出高原创性的建筑作品，在作品中尽情体现自己的想法和技术，但建筑往往难以得偿所愿。

这种对建筑学中潜在新关系的长期关注与格拉汉姆·哈曼（Graham Harman）最近关于对象本体论的理论产生了共鸣。虽然UNStudio一直致力于在多个网络中发展具有强大话语权的建筑体系，但这些网络的混合意味着我们不能轻易理解每个网络所拥有的特定关系的性质、外观和含义。实际上，我们所关注的对象的多个表现层面可能只有通过时间才能逐渐显现出来，或者在我们智力之外的网络中体现。虽然我们可以创作出高原创性的建筑作品，在作品中尽情体现自己的想法和技术，但建筑往往难以得偿所愿。总是有一个"多余之物"[4]，比"原始部分"[5]更能得到与之相关的设计师、投资者和建筑使用者的关注。这是一个抛弃过去的里程碑，在新的网络中可以逐渐呈现出新的表现形式。为了建立一种表现性来作为评估专业层面的连续线索，以下指标提供了一种理解的切入点。

一 建筑物

在我们完成的项目中，中庭的表现性是一个简单有效的例子。与UNStudio对混合的执着相一致，这种中庭的特殊表达可以为建筑物的内部组织带来易读性，同时给使用者带来不可思议的神秘的感知效果。新的表现形式往往产生于亲身感受与可观测环境互动之间的空间。在单独中庭中可以产生心理和文化上透明又神秘的双重效果。

—作为实践的项目

考虑到建筑实践是表现性的，其重构成为一个自身不断发展的项目，这种实践培养了一批经验丰富的从业人员作为知识宝库，来应对学术界不断推陈出新的影响力和技术。UNStudio的内部知识平台将项目工作中积累的智慧经验运用到材料、组织、可持续和参数数据库中，同时参与最紧密相关的外部研究，为未来的项目提供信息支撑。这在社会层面上的体现是通过受邀演讲者和他们参与并激发的重要对话来实现的。同样，这种做法最近探索了将时装屋的创作过程和结构与我们工作室的创意过程和组织方式相类比的潜力。这些影响的结合为实践的内在文化带来了一致性和多样性。

—本书

本书的正文重点突出了两篇文章："职业扩展"描述了为应对更大的社会变革而产生的专业领域的改变；"在网络模型中的知识实践"聚焦于最近建筑实践改变所产生的影响。这为本书主体知识工具这部分内容提供了基础。我们的项目并非按顺序呈现，而是以11个知识工具作为串联项目背景的表现性策略的线索。这意味着项目经常不止一次地出现，并以不同形式呈现——基于它们体现的不同的含义、层次和工具类型。

20世纪的统一和碎片化表现

一部真正的字典解释的是文字的功能（任务）
而非含义。

乔治·巴塔耶（Georges Bataille）
《无形》（*Formless*），1929年

我相信，新建筑注定要占据比当今建筑更加全面的
领域……我们将朝着一个更广泛、更深刻的设计概念迈
进，作为一个巨大的同源整体——不可分割和无限丰富
的根植于生活本身的一面镜子。它是整体的一部分。

沃尔特·格罗皮乌斯（Walter Gropius）
《新建筑和包豪斯》（*The New Architecture and the
Bauhaus*），1935年

在接下来的论述中，我们将探讨职业领域扩展的各种方式，
无论是否有建筑师的参与。众所周知，目前建筑似乎越来越受到
威胁，建筑师的地位也正在被削弱。我们将引用最近的例子来说
明，职业领域的扩展带来了一种失控的状况。需要问自己的关键
问题是：我们如何能够继续控制自己的职业？我们如何在这个扩
展的领域中重新定义"控制"这一概念？

早期的现代主义理念提议建筑在形式
和思想体系之间应该统一。

20世纪见证了建筑师作为一种有力塑造社会的角色的出现、
扩张和随后的失落。作为社会和政治"设计者"[6]，建筑师这个

职业的宏伟展望化为泡影，原因在于市场经济的兴起和建筑形式的急剧商品化。早期的现代主义理念提议建筑在形式和思想体系之间应该统一。这种思想体系的重点在于本专业在为公共部门做设计时具有极大影响力。早期现代主义建筑思潮出现的同时，涌现了包括达达主义和超现实主义在内的开创性艺术运动，并且深受乔治·巴塔耶（Georges Bataille）等文学人物的影响。结合起来看，他们的做法违背了现代主义的正确性——反对其编纂倾向的陷阱。文化批评成为一种经济学批评，因为形式与思想体系之间的挑剔关系在新自由主义经济的兴起中彻底脱钩。这不仅改变了建筑行业的客户群，而且将其分解为一系列短暂的风格和运动。这些统一、解散和批判的循环可以被描述为20世纪统一和分散的表现。

协作工作模式的兴起体现了建筑学专业的内部扩张。

沃尔特·格罗皮乌斯对未来建筑的看法表明了对该行业潜力"设计一切：从茶匙到城市"[7]的普遍信心。包豪斯的演变是理解这一扩展范围的适当模型。 虽然该机构是统一实践形式的孵化器，汇集了广泛的学科，但最终目标是将该群体的产出和想法扩展到全球。[8]这一目标部分由工业生产实现。包豪斯代表了早期的建筑协作模式，在对抗带来碎片化的同时，会产生一种统一的临时印象。具有共同目标的职业综合化在整个世纪的时间跨度下持续被倡导。像皮埃尔·奈尔维（Pier Luigi Nervi）、约恩·伍重（Jorn Utzon）、菲利克斯·坎德拉（Félix Candela）、丹下健三（Kenzo Tange）和奥雅纳（Ove Arup）这样的人物促进了材料性能的进步，使表皮和结构、建筑和工程之间产生了更紧密的一致性。协同工作模式的兴起体现了建筑学专业的内部扩张——为了应对为"二战"后一代提供居所的大规模挑战，这也将成为外部性的扩张。

虽然这个专业的某些"支柱"给20世纪主流建筑投下了长长的阴影，但第二次世界大战的结束开启了一个时期，专业人士组成群体以追求共同的社会事业。早在1919年，格罗皮乌斯就已经提出了合作实践的概念，这一概念在很多有影响力的团体的形成过程中得到了体现——他们都对建筑在社会中的作用抱有很大的希望。国际现代建筑协会（CIAM）、十人小组（Team 10）和新陈代谢派（Metabolists），以及大量直接在公共部门工作的建筑师，提供了该行业试验建筑的解决方案，以满足战后一代巨大的住房需求。提供清洁、健康、密集的生活条件，使该行业扩大并把整个城市视为一体。随着整个城市的总体规划——从巴西利亚到昌迪加尔再到堪培拉，这种扩张达到了顶峰。然而，随着经济和政治现实与最初的愿景相背离，这种大规模协调的公民生活不复存在。例如，巴西利亚已成为其设计概念上的对立面：除了形成城市主导形象的超四边形住宅区和纪念轴外，周边是贫民窟和封闭社区的庞大组合。其思想体系与初始规划意图并不一致。

许多冷战项目明显地表达了其防御功能，而许多在"9·11"事件后设计的建筑物看起来都是形象乐观的。

在20世纪大部分时间里，建筑行业的扩张表达了其对社会凝聚力的乌托邦式的看法，而冷战时期的建筑则体现了该时期的集体焦虑。设计重点转移到建筑物和基础设施上，这些建筑物和基础设施可以在敌人的攻击或是核战争后幸存下来。例如，莫斯科的许多地铁站建造得非常深，并被设计为在受到核攻击时的避难所，而在美国，许多城市建筑物采取明确加固的形态。建筑物的双重职责是连通性和防御性，又同时具有仪式感和安全性。时间快进到"9·11"事件，这一事件促使建筑行业再次响应大众对安全问题日益加深的担忧，并与之前的建筑形成了有趣的对比。建筑服务、结构性能和反恐措施的实施要求已经成为建筑物中最内在的部分，隐藏在立面和内部结构之下。许多冷战项目明显地表达了其防御功能，而许多在"9·11"事件后设计的建筑物看起来都是形象乐观的，它们的轮廓充当了在逆境中体现重建能力的象征。

正如冷战表明建筑可以体现政治焦虑，20世纪也出现了质疑该行业内部议程的时刻，引入了不同类型的表现标准，其中包括对彻底反抗的呼吁，以及对普通城市中独特进化性质的仔细分析。第一次世界大战结束后，达达主义运动的姿态引发了对抗。

他们的宣言讽刺了现代主义同行暗示的教条主义的主张。例如，特里斯坦·特扎拉（Tristan Tzara）在1918年的达达宣言中说："我写这个宣言是为了表明人们可以一起进行彼此矛盾的行动，同时畅快地大口呼吸；我反对行动；对于持续的矛盾，对于肯定，我既不肯定也不反对，我不解释，因为我讨厌所谓的常识。"[9]

虽然达达主义及其演变成的超现实主义通过对抗手段挑战和扩展了主流艺术和建筑实践的定义，但20世纪下半叶，建筑学科本身也开始进行质疑现代主义理想化公民愿景的研究。短片《热爱洛杉矶的雷纳·班纳姆》（*Reyner Banham Loves Los Angeles*）因其被忽视的、反直觉的且具有日常表演性的特质受到瞩目，也正因如此，在1972年这样一个节点，其价值观远远超过当时流行的判断一个城市好坏的标准。除了自上而下的对洛杉矶庞大而无序的外部形态的厌恶之外，班纳姆还将该行业重新定位于更加细致入微和具有差异化的城市形态。通过对"洛杉矶的四种生态"[10]的探索，班纳姆认为在没有公认的良好城市设计原则的情况下，表现性品质仍然可以存在，他说："形式无关紧要，只要能发挥正常功能，你可以随心所欲地决定城市的形状。"[11]班纳姆呈现的洛杉矶是当今许多城市综合和多中心化发展的结果，其中的许多状况仍然是建筑行业面临的最相关的挑战。从特扎拉到班纳姆的多样化方法是不断替代现代主义20世纪霸权主义愿景的象征。这些是在坚定的反对和调和性的合作之间摇摆不定的预兆。

在缺乏对建筑社会功能统一界定的情况下，先锋学派将该学科重新定义为一种例外，而不是规则。

对现代运动的不满表现在20世纪60年代和70年代的运动初期阶段。在20世纪80年代，这种情绪被更为广泛地传播，这导致了世界许多地方向新自由主义经济模式的转变，以及日益庞大的私有化。建筑行业曾经将自己定位为协调现代城市发展的核心表演者，但现在却变得越来越边缘化。盲目的乐观情绪已经与政治和经济现实发生冲突。对该行业在社会中的作用的统一观念已经支离破碎，笼统地讲，这导致了两个阵营的产生。一方面，从事该职业的大多数人都转变成了专门服务私营部门的角色。建筑成为一种金融而非社会投资，其升值往往超过工资增长。而另一方面，部分从业者展开了抵抗。在缺乏对建筑社会功能统一界定的情况下，先锋学派将该学科重新定义为一种例外，而不是规则。基于这种思想体系，很多建筑项目应运而生，目的是探索建筑作为一个自治学科的可能性，这些项目反映出城市正在成为一个越来越有争议的领域的现实，没有一个单一的思想体系可以实现霸权。从20世纪90年代到21世纪，全球市场经济的快速增长和数字时代的影响将逐渐模糊这些区别。

为谁表演?

　　建筑行业应该表现的对象有哪些?建筑又应该如何展开这种表现?从20世纪90年代到21世纪,随着数字技术的兴起,全球市场经济的扩大为这些基本问题带来了新的意义。前几十年孕育先锋的做法日趋成熟,随后因其不可磨灭的意象而被发掘。这开启了一个时代,标志性的建筑被认为是城市进入全球舞台的捷径。建筑行业对于更大社会议题的关注和投入成为次要的事情。随着时间的推移,象征性不再被强调,而潜在品质被雄心勃勃地写进设计需求中。数字渲染的推广和技术进步促使这种状态趋于饱和——建筑物的标志性形象早在完工之前就被充分地进行市场营销,这一趋势至今仍在继续。全球金融危机可能暂缓了对标志性的歇斯底里的追求,但不断激发它的核心经济模式仍未改变。

　　然而,随着该术语开始失去其意义,该职业的技术性疲劳变得更加明显。对建筑刻意打造的标志特性的营销,相当于一个人试图说服你,他/她很酷。在全球金融危机的波动中,这种疲劳把建筑行业带进了死胡同,促使该行业反思并寻找建筑在社会中发挥更多意义的方式。

　　　　　　　全球金融危机可能暂缓了对标志性的歇斯底里的追求,但不断激发它的核心经济模式仍未改变。

正如尼尔·布伦纳（Neil Brenner）指出的那样，"全球金融危机是新自由主义战略演变和重组的一个典型例子。这与传统的资本主义相矛盾，暗示着资本主义可能因其固有的经济危机的趋势而被摒弃"。[12]然而，全球金融危机确实凸显了当前系统固有的不稳定性，促使人们重新聚焦建筑的社会议题。这个观点在主流舆论中持续发展壮大，因为一些关乎社会、环境和经济可持续发展等问题的项目使这种观点有了更大的曝光度。

随着建筑专业的社会功能被重新定义和讨论——数字技术的不断进步拓宽了这种讨论的范围，与之互动的更广泛的议题被引入该领域，并影响了从制造、设计和表现手法到对建筑的批判性接纳，建筑专业必须持续发展出能有效参与这种形势变化的方法。例如，3D打印、CNC铣削及其他开发形式的机器人制造为计算机和材料耐久性之间更精确地衔接提供了巨大的潜力，这些方法大规模集成到主流建筑工业中是指日可待的事。在表现手法方面，高效且逼真的渲染和拼贴将使建筑更加容易被大众所理解。图像在网上快速传阅和传播，记录了项目从概念方案到建成逐步被民众接受的过程。这种效应的累积导致数字媒体持续将各种建筑作品引入主流讨论中，表面上将评论家的职权分配给更广泛的人群。协调高知名度的外部影响力与学科内部的技术扩展，已成为该行业的一项关键挑战。

随着新作品的出版，然后被过度复制，
其失去理性与严谨性的风险也随之而来。

随着数字化传播的进行，关于原创性的问题不断产生。图像的广泛流通、免费提供的计算技术教程、像Grasshopper这样的开源软件平台都在导致问题加剧。然而，技术的民主性也可能使人目光短浅而流于表面，并且缺乏严谨（更不用说有趣的）的想法。随着新作品的出版，然后被过度复制，其失去理性与严谨性的风险也随之而来。我们应该拿20世纪的建筑形式与意识形态之间的分裂作对比，那时政治与经济的更变使得许多建筑物被不同的政权所占用。在当今这种文化中，图像往往更吸引眼球，这种转义上的差距加强了建筑的重要性。建筑学的智力成果在表现性上存在限制，它受限于其客观环境。正是建筑可以被落地建设出来的特征给了其自身一个连续的意义。

除了制图表达和构造技术的发展以外，该专业相对于客户和顾问团队的立场也明显改变。建筑师不再在建筑生产过程中占据中心位置，而更像是一个覆盖多领域的顾问。除了通常的一群不断扩大的技术顾问团队外，客户现在也常常由顾问团队本身所代表。这些新专家可以被描述为建筑前期策划顾问——社会文化趋势专家。他们的作用是让客户更好地理解设计，并引导他们汲取适当案例的经验。建筑行业在设计策划方面的原有角色已经发生了根本变化。今天的建筑设计公司经常是在建筑策划顾问的推荐下选择的。这种持续的专业碎片化和专项化趋势意味着今天的客户在正式启动项目之前就拥有相应的新知识和专业技术。

该行业持续的重要性将取决于两个能力：能阐明不断变迁的技术标准，能通过超越外观差异的创新水平来影响全球标准。

现在致力于实现项目品质的广大团队和新行业反映了向全球标准化的广泛转变，数字技术一直是实现这一目标的核心。在社会层面，唾手可得的各种媒体形式导致全球更广泛的人群更容易接触到文化作品，现实物质世界的环境显得无关紧要了。在专业和教育层面，大量的现象表明，设计和施工过程正在转化为可量化的数据领域。这种职业的拓展造成了一种挑战性的紧张局势。因为公司需要遵守全球标准[13]，所以要求建筑形式具备商品化的新颖性。正如我们在2011年所指出的那样，"一些趋势朝着有力控制和统一的方向发展……而另一些趋势则要培育具有竞争性的市场优势"。[14]鉴于这些挑战，该行业持续的重要性将取决于两个能力：能阐明不断变迁的技术标准，能通过超越外观差异的创新水平来影响全球标准。

注意到这些从内部和外部给专业带来的压力，我们对建筑能够融入当代城市内复杂、矛盾并不断发展的力量保持乐观。通过表现和解析这些力量，建筑专业可以继续扩大影响并为社会作出积极贡献，这种趋势使得这种乐观更获鼓舞。在大都市环境的快速发展中要解决的具体问题非常复杂、多样，其中最重要的是，我们相信建筑师需要开发方法来支持快速增长的城市人口的健康和流动性。

创建更健康、更具流动性的城市所带来的挑战引发了广泛的问题。例如，公共部门和私营部门之间如何分担这些责任，以及它们如何交互？城市数字和实体基础设施的持续整合将如何影响这些变化？从政府到社区，建筑师需要理解并指出生活所面临的压力，即想象健康的城市住宅可以成为什么样子，表明社区和居民之间复杂的依存关系。空间和功能参数需要与更广泛的社会、文化、经济、技术和各种生活方式的激增相联系。此外，空间利用周期、材料寿命和消费模式的复杂过程应该为这些参数提供精确而灵活的响应，从而塑造我们当代的生活环境。创造健康、密集的城市环境的雄心壮志与移动领域的技术快速进步密不可分。想要预测前所未有的旅行速度，我们应反思并重新划分城市、郊区和自然之间的时空关系。最终，建筑师需要在对话中把握主导地位，在这个拥挤且竞争激烈的领域中寻找新的执行机构，为当代城市创造健康、互联的环境。这项工作的成功将取决于揭示新出现的居住模式，这是个人和集体偏好不断发展的过程的一部分。结果可能与目前市场决定并维持的标准模式相左，使我们重新定位并设计未来的住宅生态系统。

挑战在于想象一种方法，在构想新世界的同时连接现实世界。

综上所述，这些问题需要在概念和实践上都具有灵活性，才能在精细的改进与提高效率之间找到有效的综合。其中有许多是行业内经久不衰的问题。但是，它们现在必须与不同的文脉及技术相关联，因此需要一套不断发展的知识工具来有效地连接。换言之，挑战在于想象一种方法，在构想新世界的同时连接现实世界。

人并不是透明的社会观察者……
目标总是比我们能接触到的更深刻。

格拉汉姆·哈曼
在斯德哥尔摩当代美术馆的讲座：什么是对象？

对于一个建筑公司来说，我们对过去业务拓展的回顾是不同于历史学家或批评家的。在承认主要叙事的同时，重要的是要探索那些被忽略的、以不同寻常的方式引起共鸣的事情。它们通常是背景和轶事，使我们能够批判性地重塑看待世界的方式，并激发与世界互动的新方式。作为投身于建筑环境生产、设计和保护的人，这种审视使我们得以确定到底什么样的发展才是对行业有意义的。例如，如果行业的主导力量优先考虑城市的短期利益、重复生产和城市的均质化，我们就不应该忘记反思这种世界观之外的经久不衰的品质。

只有将文化价值融入设计，才能让建
筑体验超越具体类型并实现新形式的公共
参与。

我们文化中无法量化的方面常常不合时宜地与现今建筑生
产所要求的性能标准相抵触。面对这种复杂性，建筑专业作为
横向思想家、协作者和通才的组合会具有新的意义，将一致性
和统一性纳入相关议程中。在这些参数中，文化影响的再介入
会将其重新构造为建筑社会功能的重要组成部分。除了视觉之
外，我们对文化价值的理解还涉及建筑的物理、道德、智力，
甚至是形而上学的内容。因此，我们认为所有建筑物，尤其是
商业建筑，需要整合新的公共性建构和文化成分。只有将文化
价值融入设计，才能让建筑体验超越具体类型并实现新形式的
公共参与。

在倡导技术和美学表现的综合方面，得克萨斯州休斯敦的罗
斯科小教堂也许是一个恰当的案例。小教堂展示了马克·罗斯
科（Mark Rothko）所画的14个特定地点的"黑色画作"[15]，这些
画作控制住空间，并且把空间提升成一种自身的体验。然而，
这些小教堂的八角形平面让人无法从整体上感知它们。罗斯科宣
称他的雄心是制造直接的不言而喻的体验，他说："我绘制大幅
画作……因为我想要非常亲切且人性化。绘制小幅画作就是让你

自己处于经验之外来看待某一事物。"[16]这些画作本身具有色彩昏暗、密集层叠的构图，却能使观看者进入它们的深邃空间，其自然光线搅乱了任何稳定的阅读。正如大卫·安顿（David Antin）所描述的体会："只要一片云朵穿过中心的光源，就能够改变画面的视线角度和颜色。"[17]安顿的话让画作中复杂和密集的绘画技巧展现出来，但难以捉摸。此外，众所周知，罗斯科的绘画难以复制，而且强调最初的体验。罗斯科小教堂混合性的表现是一个激动人心的例子，继续表达了建筑专业进步的设计方法和非预期的体验之间的关系。

罗斯科小教堂为直接的建筑体验设定了高标准，同时，20世纪之交维也纳沙龙内的文化场景也为当今的知识共享社会提供了很多参考经验。艺术家和科学家经常光顾沙龙，沙龙也为他们令人难忘的交流提供了场所。这一时期自由的思想交流，最终导致心理学、神经生物学、艺术和文学的革命性突破。这种多样性不只刺激了特定学术领域的发展，还开启了学科之间不可预见的联系。其中的关键人物包括西格蒙德·弗洛伊德（Sigmund Freud）、埃贡·席勒（Egon Schiele）和古斯塔夫·克里姆特（Gustav Klimt），他们提出了一系列根本问题，诸如观看者为艺术品带来了什么？旁观者如何回应？主观性和客观性的交叉点在哪儿？潜意识在多大程度上受到我们有意识感官产生的感知的影响？在回顾20世纪这些开创性的时期时，我们发现，学科之间高度的创造性、包容性的交流，对当代生产实践产生了相当大的影响。当今，建筑实践同样也面临着复杂的、综合的挑战，这些强大和开放的对话正好为此提供了可以借鉴的经验。不同的是，当年的对话发生在沙龙之内，而现在的知识交流和辩论不再需要在同一地点进行，来自世界各个角落的沟通都能在一瞬间完成。

知识至关重要，我们需要吸收、运用和转化知识。知识为我们服务，我们将努力扩大想象力，并把握行业的未来发展。

总而言之，当多种层次的表达需求共存时，实践、设计过程和建筑物都变得更加丰富。正如我们讨论过的，建筑行业有太多的参与者、利益分配和组织结构，迫使我们无法仅考虑某一个单一表达的要求。如果将多种形式的表达要求混在一起，产生的将不是顺其自然的结果或者单一的意义，而是处于不断出现的状态，逐渐揭示多种参与形式。在一组关系中感知建筑，然后有倾向性地观察这座建筑对另一座建筑所具有的品质，会让观察者或居住者产生一种更加细致入微和感同身受的看法。这会导致建筑可以并且应该不仅仅服务于一个特定的用户。

为了让建筑能够继续从正在形成扩张领域的强大力量中持续获得帮助，批判性地参与而不是超脱是必不可少的。通过参与现代语境下不同和有争议性的网络，我们寻找批判、探索、理解并发展出建筑设计的方法和对象。建筑师的挑战是阐明自己的控制概念。这远远超越设计或战略联盟的范围，却是建筑将作为一种文化和哲学实践的核心，它关注我们自己。我们是可以并且愿意以许多方式发明属于我们自己的表现增强工具和弹性工具的人。知识至关重要，我们需要吸收、运用和转化知识。知识为我们服务，我们将努力扩大想象力，并把握行业的未来发展。

参考文献

Antin, David, *the existential allegory of the rothko chapel.* in T. G & Crow (ed.), *Seeing Rothko* (pp. 123–134). Los Angeles: Getty Research Institute, 2005

Banham, Reyner, *Reyner Banham Loves Los Angeles*, BBC, 1972

Banham, Reyner, *Los Angeles: The Architecture of Four Ecologies*, University of California Press, Berkeley, 2009

Bataille, G. (1929). *Formless* (A. Stoekl, Trans.) *Visions of Excess, Selected Writings 1927–1939* (p. 31), Minneapolis: University of Minnesota Press, 1985

Bos, Caroline, *Self-Organization* in *Volume*, bit.ly/2alwLnm, Archis, Amsterdam, 27.02.12

Brenner, Neil, *Neoliberalisation* in Fulcrum (ed.), *Real Estates – Life Without Debt* (pp. 15–26), Bedford Press: Germany, 2014

Cohen, Jean-Louis, *The Future of Architecture Since 1889*, Phaidon Press: New York, 2012

Gropius, Walter, *The New Architecture and the Bauhaus*, The MIT Press: Cambridge, MA, 1965

Harman, Graham, Lecture at Moderna Museet: *What is an Object?* bit.

ly/1O95OUh, Stockholm, 16.01.15

Illner, Peer, *For Me, Myself and I: Architecture in the Age of Self-Reflexivity* in Fulcrum (ed.), *Real Estates – Life Without Debt* (pp. 51–56), Bedford Press: Germany, 2014

Rosenthal, S., *Mark Rothko: A Stage For Tragedy* in S. Rosenthal (ed.), *Black Paintings – Robert Raushenburg, AD Reinhardt, Mark Rothko, Frank Stella* (pp. 55–64). Munich: Haus der Kunst, 2007

Sassen, Saskia, *The Economies of Cities* in Ricky Burdett and Deyan Sudjic (ed.), *Living in the Endless City* (pp. 56–67), Phaidon Press Ltd: London, 2011

Tzara, Tristan, *Dada Manifesto*, bit.ly/1UkYcKU, 1918

Van Berkel, Ben and Bos, Caroline, *Hyrbidization* in MOVE, UNStudio, The Netherlands, 1998

Wigley, Mark, *Whatever Happened to Total Design?* in *The Harvard Design Magazine*, no. 5 , bit.ly/2aFZxxS, Harvard University Graduate School of Design, 1998.

注释

1 Cohen, Jean-Louis, *The Future of Architecture Since 1889* (p 1), Phaidon Press: New York, 2012

2 Sassen, Saskia, *The Economies of Cities* in Ricky Burdett and Deyan Sudjic (ed.), *Living in the Endless City* (p. 56), Phaidon Press Ltd: London, 2011

3 See the description of the Manimal and Frederick Keisler in the *Hybridization* essay in *MOVE*, UNStudio, 1998

4 参见格雷厄姆·哈曼（Graham Harman）在斯德哥尔摩现代博物馆的讲座"什么是对象？"中对第三种桌子的描述。bit.ly/1O95OUh, Stockholm, 16.01.15

5 Ibid

6 Illner, Peer, *For Me, Myself and I: Architecture in the Age of Self-Reflexivity* in Fulcrum (ed.), *Real Estates – Life Without Debt* (p. 52), Bedford Press: Germany, 2014

7 Wigley, Mark, *Whatever Happened to Total Design?* in *The Harvard Design Magazine*, no. 5 , bit.ly/2aFZxxS, Harvard University Graduate School of Design, 1998

8 Ibid

9 Tzara, Tristan, *Dada Manifesto*, bit.ly/1UkYcKU, 1918

10 班纳姆（Banham）将四种洛杉矶生态体系分别定义为"冲浪乐园、山麓丘陵、大平原和汽车国"。参见 *Los Angeles: The Architecture of Four Ecologies*, University of California Press, Berkeley, 2009

11 Banham, Reyner, *Reyner Banham Loves Los Angeles*, BBC, 1972

12 Brenner, Neil, *Neoliberalisation* in Fulcrum (ed.), *Real Estates – Life Without Debt* (p. 18), Bedford Press: Germany, 2014

13 这组成了一个知识和必备技能的总体框架，用以从已被编写成各种规范的建筑法规和环境影响因素中捕捉一切。

14 Bos, Caroline, *Self-Organization* in *Volume*, bit.ly/2alwLnm, Archis, Amsterdam, 27.02.12

15 Rosenthal, S., *Mark Rothko: A Stage For Tragedy* in S. Rosenthal (ed.), *Black Paintings – Robert Raushenburg, AD Reinhardt, Mark Rothko, Frank Stella* (pp. 55–64). Munich: Haus der Kunst, 2007

16 Ibid

17 Antin, David, *the existential allegory of the rothko chapel.* in T. G & Crow (ed.), *Seeing Rothko* (p. 129). Los Angeles: Getty Research Institute, 2005

在网络模型中的
知识实践

——建筑师的角色是什么？

这个充满挑战、真诚且日益广泛的问题已经成为UNStudio 一贯的当务之急。我们身处一个被技术、文化习俗及金融、政治气候的转变影响很大的学科中，出现对它进行重新评估的趋势是很自然的。由于建筑与这种各方力量形成的网络不可分割的关系持续存在，我们需要质疑关于该学科的许多假设，包括它应该被教授、生成、体验和传播。

为了做到这一点，我们不应当仅仅探讨建筑师在行业中所扮演的既定角色和职责，而应当转而发问：

——建筑师应该创造什么样的知识？

我们实践的第一个十年，探索了建筑师作为行业"龙头角色"[1]所能发挥的地位和潜力。当观察这些影响建筑生产的力量形成的行业网络时，我们试图拥抱并且充分调动它们的潜力。因而，我们重组并重命名了我们的公司，形成了现在大家所熟知的United Network Studio。对我们发展路线的第一次也是标志性的一次考验，出现在1998年。从那以后，我们所面对的网络变得越发复杂：气候和文脉变得更加国际化，数字通信网络更加普及，材料供应链也更加多样化。

在地理上相互分离却以数字化的方式相互联系。我们发现自己处在重新定义的新时代。为了积极地与这些动态网络合作并对其施加影响，建筑师应该抛弃追求理想的自我定义，取而代之的是让大家成为一个产生知识、分享知识的整体，从而提出提升和扩展建筑学科范围的可能性。

将我们的工作室实践概念化为知识实践，需要为建筑找到新的角色和关联性。建筑师作为通才，擅长将综合和抽象的力量转变成材料和文化的建构。这种传统技能现在必须拓展，变成一种致力于接受、转译和生产知识的实践。这将会提供预测和塑造未来的可能性，而不是成为在网络中被动反馈的角色。

建筑师从具有专业技能的人变成知识
工作者，其研究兴趣可以从根本上改变建
筑实践，并使之多样化。

知识实践并不会取代网络模型，而是在其中工作，并将它推
向新的领域。这种形式的实践有可能将固定的建筑概念转变成新
的表现力和潜在关系。建筑师从具有专业技能的人变成知识工作
者，其研究兴趣可以从根本上改变建筑实践，并使之多样化。下
文探讨了若将研究作为建筑实践的核心所带来的影响和挑战，以
及将其作为更广泛的文化价值的反映，及促进信息获取、知识共
享的技术进步的反映。

访问、升级和淘汰

当一切东西都和其他一切相连时，无论更好或
更坏，一切都很重要。

布鲁斯·莫（Bruce Mau）
《巨变：全球设计的未来宣言》
（*Massive Change: A Manifesto for the Future of
Global Design*）

知识共享的言论无处不在。倡导者拥护其美德，因为它提高

了合作水平、可访问性和创新水平。这些术语使用得很随意，以至于有必要退后一步，质疑是哪种知识正在受到重视，以及被重视到什么程度。

进一步来说，建筑实践应该如何定位自己，以便充分利用知识共享社会提供的更多可能性呢？要解析这些可能性，需要了解知识在新时期被分配和消费的方式和目的，以及这种关系如何改变我们的行为。

> 我们学习的渠道正在大规模地崩溃，而且这种速度正在加快——这改变了知识共享和被传授的方式。

参与知识共享社会意味着我们将处于一直学习的状态。它从根本上质疑传统的教育与学习之间的区别：教育通常被理解为固定时间段内的正式培训，而学习被视为"终身状态"。[2]对于知识工作者来说，这开启了一个频繁提升技能的循环，其速度通常与数字技术的进步相匹配。以前工作、休闲和学习这些单元被分割成一个"原子化"的时间表，也被称为"碎片化的时间"。[3]结果是，这种暂停通常用于建立一套技能，以保持在各自职业中相关的专业熟练程度。然而，这改变的不仅是知识工作者的行为，还有获取知识的媒介。

定期更新和重新校准——我们获取知识的方式增强并促进了不断学习的方式。我们学习的渠道正在大规模地崩溃，而且这种速度正在加快——这改变了知识共享和被传授的方式。

选择你的赛道

大学等正规渠道正在采用更灵活的学位授予方式，来支持每个人在不同阶段的学习需求。不断上涨的教育成本和庞大而多样化的学生群体是推动这一变化的关键动力。得克萨斯大学的乔治·西门子（George Siemens）将微证书的概念描述为解决这些问题的潜在方法。作为通过完整学位获得学历的替代方案，微证书允许学生"展示对分散任务或概念的学习"。[4]这意味着可以在不中断职业生涯的情况下获得大学学习。结合大规模在线开放课程（MOOC）的出现，微证书展示了大学如何利用其文化积淀来吸引更广泛的受众——将灵活的学习模式与高等教育资格授予方式相结合。

以更加零散和直接的方式学习的过程主要通过更多的非正式渠道来进行。流行的TED演讲将知识共享与娱乐融为一体。学习被描述为一种18分钟爆发式传达的启示性发现形式。[5]虽然接触到如此广泛的复杂想法，这些想法被清晰、简洁地描述为可以作为进一步知识共享的切入点，但应该承认TED文化中压倒性的乐观情绪。纯粹的个人宣言式的观点意味着很难将变革性从"日常性"[6]中区分开来，特别是在用于传达此类信息的语言非常相似的情况下。在许多方面，TED代表了知识共享社会的可能性和挑战。要即时、扩展和简单化，重要的是利用一种机制来协调这种知识共享和娱乐性之间模糊的边界。

为了创造一种良性的社会系统框架，促进知识共享社会环境的形成，我们认为，首要之事是需要了解谁在控制着信息的传播，信息是如何被日常处理的，以及这种日常的传播机制是什么。

我们往往通过个人评估系统解析大量网络信息，而这些信息通常首先会通过互联网过滤系统来筛选。当我们搜索或接收新的信息时，搜索得到的结果往往来自互联网过滤算法。然而，我们却感觉像是在接受不断的以自我为中心的增强训练。

搜索引擎算法、社交媒体网站的处理机制，都是优先选择处理流行的而非丰富和多元的内容。这导致的结果是，搜索得出的"信息往往更加支持我们原先坚信的观点"。[7]这种暗示性的趋势，是通过搜索请求创造关联信息而产生。搜索都是基于过去用户浏览网页和之前的线上活动，以及这个用户在社交媒体和朋友圈内的行为模式，推送新的建议内容。这种过滤方法被称之为"协作过滤"。[8]因此，为了创造一种良性的社会系统框架，促进知识共享社会环境的形成，我们认为，首要之事是需要了解谁在控制着信息的传播，信息是如何被日常处理的，以及这种日常的传播机制是什么。

Bibblio提供了另外一个替代方案。这是一个把信息传递给知识生产者和用户的传输代理网站。作为真实学习的核心部分，该网站允许用户创造自己的个人定制化知识收藏库。Bibblio的优势在于，作为全球图书馆的角色引入第三方教育平台的教学内容，其提供的信息筛选机制，不仅基于流行度，还基于信息相关度和内容质量。虽然还处在初期阶段，但是通过这样一个平台实现知识共享，可以激发偶然性的探索，允许用户形成话题和概念的联系，推广新形式知识。

这些案例的实际效果凸显了知识共享这种方式普遍存在于我们的日常生活之中，这种模式对于传统教育机构的固有结构和层级，都是一个巨大的挑战。知识共享规避了商业主导下的搜索过滤引擎，线上学习的方式可以有效地改善自身的内容质量。越来越多的人认识到，搜索引擎不再是中立门户，这样的现象提醒我们去反思，对于建筑工业化来说，什么样的知识才是真正有价值的。

与时俱进

　　随着知识分享社会体系的日益成长，电脑系统需要处理大量的冗余信息。毫无疑问，这个宏伟计划需要通过不同形式的知识专利获利以维持。有关结果显示，涉及科学的知识优势要远远高于艺术和人文。在科学中产生新知识价值的能力，通过被量化和验证来获得，以保证其看似有一定的严谨性，从而广泛地传播给大众。这种现象同样发生在建筑行业当中，例如随着建筑物理发展为一种可以测算的学科，其影响力和重要性也变得越来越大。

　　建筑物理作为一种可以被工具化的知识形式，其价值有目共睹。从一体化的建筑软件平台兴起，到与之匹配的必要的评分标准的出现。建筑软件开发者CASE[9]直接指出这样的改变，通俗地说就是"建筑等于数据"。[10]支持这一论调的证据出现在大量放置建筑数字化的单元信息模型BIM之中。在建筑输出结果之前，建筑的全生命周期性能要通过测量，以验证设计过程中的可持续性要求。LEED的动态斑块是最近的迭代模式，作为一个放置在网站上的"数字记分牌"[11]，它的界面在五个不同的范畴定期更新性能数据：能源、废物、水、运输和人类经验。基于这些条件的建筑性能会被自动验证，并且随着正在进行的建筑指标的满足，认证也会被升级。这种跨越建筑的数字性和物理性的交流，在材料性能和物质认证之间建立了一条更加精确的校准轨迹。

渐进式和持续性的学习模式无处不在，它和日常生活模式的融合促使我们反思：我们是如何获取知识的？什么时候知识过时且需要被更新？

虽然这是我们构建环境中的一个重大演变，但是基于这些术语，知识共享的普遍性创建了一种关系，即建筑实践被动地接收了日益增加的知识更新，而非主动地推进和发展新知识本身。2014年软件巨头欧特克（Autodesk）公司在拉斯维加斯举办了一场讲座，吸引了上万名观众。在这个讲座中，这种知识受到重视的影响力、紧迫性及其规模给人留下了极其深刻的印象。一个用来举办摇滚音乐会的场所有如此高的上座率，促使丹尼尔·戴维斯（Danial Davis）提出疑问："欧特克公司在今天的建筑学框架下是一个最重要的实体吗？它会比任何博客、杂志和建筑理论更有影响力吗？"[12]在建筑实践中，对新数字技术的熟练掌握保证了这将会是一种永久的知识共享形式，与最新的软件更新同步。

渐进式和持续性的学习模式无处不在，它和日常生活模式的融合促使我们反思：我们是如何获取知识的？什么时候知识过时且需要被更新？从数字技术到建造性能，建筑知识的工具性形式主导着话语权，一种权力关系由此产生。知识共享成为一种被动地接收信息的练习，以分发的速度接受知识。如果不加检查和审核，知识共享就会启动一种永无止境"与时俱进"的循环。机构和大型的软件公司控制着知识生产的速度和形式，而这种操纵是知识共享社会潜力诞生的温床。建筑实践的责任与更广泛和复杂的关系对话，从而驱动着物理社会和数字社会的环境发展。因此，这些知识的来源仍然非常重要。通过批判性地参与信息流动的渠道，我们的任务是把这些建筑实践转化为生产新知识——引导我们走向可持续发展的新议程和新领域，使得我们的学科与未来息息相关。

转译和生产

问题不是尚待解决的"谜题"。这个观点是在假设所有必要内容都已经摆在桌面上了——它们只是需要被重新安排和整理。这种观点是不对的，把这些东西推开摆在一边，要么专注于技术，要么创新，否则本质上都是在阻止转变。

本杰明·布拉顿（Benjamin Bratton）
"我们需要谈谈TED"
（We Need to Talk about TED）

应对当今世界面临的突出挑战，需要借助集体努力和共同的抱负，这是知识共享社会所倡导的。正如本杰明·布拉顿所言，我们不能通过重新组合已知参数做到这一点：无休止地寻求真正的改变。其一，面对层出不穷的知识，我们必须对其在社会中的潜在作用进行定位、审问和推测。其二，涉及当今时代的特点时，那些以自我为中心的观点会无任何阻碍地、无休止地产生，这些观念往往将私人利益置于公共福祉之上。在知识共享的社会之中，我们需要对最紧迫的问题发表合乎中道的回应，公司和学术机构应当分别承担并履行不同范畴的责任和义务，寻找行之有效的知识组合，充分涉猎研究与实践。这已经成为一个核心问题。

指派和协作

为知识共享创造理想条件的普遍驱动力正在消解学习机构和私营企业之间的差异性，增强了它们之间的相互依赖。相互挖掘、认可双方的优点，促进了大学和私立公司的发展，双方互相学习对方的方法、语言和组织结构，以增加他们在知识经济中的比重。学习机构和私有企业在表现和结构层面合并、吸收、资本化、相互合作。因此，知识共享的战略可以通过意识和经济层面来推动实现。私营公司模仿小型的学术机构，而学术机构可以像企业一样经营，小公司也越来越多地受益于它们影响力大的同行。我们对真正知识共享的日益深入的理解驱动着这个复杂的驱动力网络，以及产生并不稳定的定义。同样，知识共享需要合适的环境才能蓬勃发展，需要适当的资源来影响和改变。

虽然数字化技术正在开辟新的信息渠道，但人们普遍认为特定的物理环境可以通过提供最佳的支撑体系以促进创新。

今天前所未有的信息获取方式，使知识共享被看作是广义的可能结果。虽然数字化技术正在开辟新的信息渠道，但人们普遍认为，特定的物理环境可以通过提供最佳的支撑体系以促进创新。当佩吉·迪默（Peggy Deamer）指出，"我们不能忘记，脸书（Facebook）是在哈佛大学创立的，谷歌是在斯坦福大学"。[13]不断涌现的联合大学和创业公司，作为新鲜思维的孵化器，描绘了一幅非常有说服力的愿景，因此大公司一直在试图复制它们的品质。比如说，Airbnb描述它的每个部门，"就像初创企业中的初创企业一样运作"。[14]这种对环境和文化的理解可以作为创新的先导，以更明晰的形式见证了办公企业和学术机构之间的融合。欧特克有自己的大学，大学本身也越来越多地寻求获得专利的途径，从而使其研究成果创造利润。即使大学和公司是不同的，它们之间的影响往往是相互的，不可否认的。在加利福尼亚大学伯克利分校（UC Berkeley），计算机科学已经成为最受欢迎的专业。[15]由于它毗邻硅谷，希望招聘新兴人才的科技公司在校园里随处可见。这些例子代表了一个更大的交换模式：影响和培养新环境从而适应市场对创新的需求。

知识共享的新机遇正在形成有影响力的新媒介。这些团体正在为其他形式的社会组织创建框架，或利用他们的影响力指导研究议程。WeWork是属于前者新型公司的代表。他们的策略是从房东那里租用办公空间，然后转租给更小的公司以盈利。[16]乐观地说，距离很近的小公司之间显示出合作的潜力，行业间的资源共享，进入市场的壁垒降低。WeWork试图为新兴创业公司的知识共享安排空间，航天公司SpaceX直接利用其影响力，在新兴创业公司之间分享了他们技术的研究议程。当首席执行官埃隆·马斯克（Elon Musk）提出超级高铁（Hyperloop）的想法——一种用于漂浮的太空舱设计，在一个气垫上以每小时700英里（约1126千米）的速度飞行[17]，许多公司和大学都开始着手应对这一挑战。这构成了一种开放式网罗人才的解决方案，颠覆了创新思想来自更小的公司并由大型公司大规模执行的模式。这两个例子都展示出大公司具有设计新知识共享这种模式的能力——其一是通过引入租用空间的替代模式，其二是利用他们的影响力来指导研究议程。

超越两极化的实践

在这些文化变迁运行的大背景下，建筑实践也在进行类似的调整。建筑实践以合法的方式参与到知识共享经济中，其向前发展的方式反映出，这种转变也同样发生在其他行业。这必然会使人口统计学、研究议程，以及任何实践都可以从事的先入为主的概念多样化。传统上，小公司总是产生提议性的意见，同时大公司也总是产生了倾向于分析型的意见。因为相对于大体量的竞争对手，小公司通常缺乏较大的资源和市场渗透率。与此同时，知识创造几乎必须是排他性的，指向批判现状的命题通常是关于"什么是可能的"而不是"什么是可以优化的"。通过知识共享经济的兴起，对于建筑师来说，固守这种两极化的实践方式已经被证明是对社会中所扮演角色的限制和扭曲。

　　总部位于布鲁克林的Living公司就是一个先例，作为一个规模较小的公司，在被欧特克公司收购之后，其研究议程就被纳入到欧特课公司潜在大规模实施研究中。他们对可生物降解材料的创新探索——真菌砖，在2014年建筑师项目大赛中被用于现代艺术博物馆中，这种创新实践要求他们对于材料性能的了解，超越了任何现有的数字平台的能力。正如联合创始人大卫·本杰明所说："现在没有任何结构分析软件对'蘑菇材质'有下拉选择框选项。"[18]在欧特克公司的资源支持下，Living与另一家投资可持续材料的Ecovative合作，Living代表着一种小规模实践的观念转变。他们有能力形成一个合作者的网络，并从大公司获得投资。他们代表了一种新型的实践模式，平衡了有潜力的创业结构和需要大规模实践的研究之间的矛盾。

> 理论知识有可能使实践方式更实用，从而使职业更好地理解其在社会发展中不断进化的角色。

　　不同规模、学科的公司之间的关系正在变得日益紧密，这是建筑实践发展的特征——促使研究议程更直接面向更广泛的受众。要保持这一势头，就需要更多地研究、理解新兴技术的变革，以及对未来建筑实践形式的思考。理论知识有可能使实践方式更实用，从而使职业更好地理解其在社会发展中不断进化的角色。正在探索情境化新兴技术这种方法的建筑师就是这种推测性实践的一种形式，这种方法目前正在获得关注。更重要的是，清晰地认识到新技术可以在不同的文化和政治中发挥潜在的作用，是一个紧密相关的发展方向，这些技术往往"比我们的文化发展得更快"。[19]认识到这一点的实践者们，不仅是能够开发新产品技术的专家，同时也是要了解其文化内涵的人。

为了能够发展一个具有可扩展性、相关性同时对未来的学科始终保持开放对话的知识主体，需要调和现有学科的复杂性，同时对抗知识分享型社会中碎片化的日常流程。

格里戈·琪安（Greg Tran）的中间媒介提供了一个推测性项目的相关案例，令人信服地描述了新兴技术在文化应用中的可能性。为探索虚拟现实的潜力，琪安的工作取代了3D数字软件（正如琪安所指出的，3D数字软件只提供了3D空间的2D表示），被描述为"数字3D"。这个概念提供了一个复杂的、网站特定的界面之间的数字和物理领域。通过将数字环境按1∶1的比例缩放到物理环境，"同步现实"[20]共存——一个典型的数字环境，纯粹地描述并最终实现物理输出。

为了避免噱头，中间媒介将技术的实际应用概念化，使其可视化和具有可操作性。考虑到类似于局域网（LAN）的建筑物，居民数据被用来创造更多与物理空间交互的定制化数字化结果，例如创建透明度、遮挡和叠加效果。这使得更复杂的社会组织形式依赖居民与建筑物的关系。[21]这些技术的出现实现了"经验和虚拟信息的叠加"[22]，这种区分模糊了"渲染和真实世界"[23]之间的边界。对于建筑师而言，可以扩展服务范围，对数字建筑的三维界面进行修改，促进了更多的建筑物延长使用寿命，并且更加细致入微，了解居住者与他们设计的空间之间的关系。通过超越当前可能的投射，中间媒体预测了未来设计过程的进化，以及居民与建筑物个性化互动的方式。

为了能够发展一个具有可扩展性、相关性，同时对未来的学科始终保持开放对话的知识主体，需要调和现有学科的复杂性，同时对抗知识分享型社会中碎片化的日常流程。知识被访问、翻译和生成新形式的途径的多样化需要集体的智慧，而不是个人努力的参与。它需要配备高度发达、关键的过滤器技术工种，能够引导、促进和控制信息流的渠道。在UNStudio，我们观察这些更大的潮流并给知识共享社会下了定义，重新组织了我们的实践，既要利用它的可能性，又要警惕它的陷阱。要做到这一点，我们实践的核心要由一系列研究组成，其中一些促进学科知识，而另一些寻找新的扩展专业。

四个知识平台处理材料、参数、组织和可持续性议程就像一个积极的学科知识仓库，代表了一种通过设计来进行研究的方法。六个工作领域共同塑造出一个更宽泛的外部力量来影响建筑，它们包括超级生活、工作、试点及产品、文化商务、交通+和新校园。综合起来，这些研究是一种"场地调研报告"，批判性地回应新兴文化，塑造我们生活方式的政治、社会和经济力量，提议我们该如何生活。为了在设计工作中起作用，工作区域也可以设定一个项目的概念方向，或者强调预见性，否则就没有人去探索了。当下正是研究兴趣的重叠可以产生新的混合形式知识的时候，这维持了我们对知识共享社会精神的信念。

UNStudio作为一个知识实践的主体，从这些方面来说，他创造了一个可以调和专业化和扩展化两者要求的空间。

认识到知识共享社会的双重矛盾性特征：专业化和扩大化，我们研究团队的做法是鼓励不同研究组件之间的流动交换。公司鼓励内部的建筑师、实习生和设计师在知识和技能之间转换平台和工作领域，同时从对方所代表的信息存储库中学习和增加知识。为了确保这项研究不会使内部项目变得短视，UNStudio的工作人员使用这些平台来开启外部合作。最近的合作探索了新的施工技术及材料性能，这些知识可扩展向更大的市场。这些研究范围很广，从以鹿特丹的公司工作室RAP为基础的机器建造，到太阳能光伏建造项目。后者给光伏市场提供了更美观、低成本、便于安装的产品。在这些情况下，知识共享让我们有能力预测未来的材料应用与施工流程，在增加了内部知识库的同时，与外部建立了持续的关系。UNStudio作为一个知识实践的主体，从这些方面来说，他创造了一个可以调和专业化和扩展化两者要求的空间。最后，UNStudio让建筑师成为一个知识工作者，有更清晰的视野，能够预测未来建筑行业的变化，发展实验技术，同时影响该行业的研究议程。这样的结果是，我们的项目不是只有一个概念，而是有很多概念。它不是大师的描述，也不是纯粹的意识形态，而是一个工作主体，融合了所处环境的复杂文脉，同时推进了具体形式的学科知识。综上所述，这本书解构我们作品的杂糅性和复杂性，其组成部分能够更清楚地被拆解，以便于和委托人沟通和分享。作为一个集体智慧的团队，在推进实践的过程中，UNStudio继续朝着一个知识体系的目标前进，使发明更多地融入文脉，使设想更适用于实践，使我们更有能力解决所面临的建筑环境中最紧迫的挑战。

参考文献

Axel, Nick, *Letter to the Editors* in *Volume 45: Learning* (pp. 6–7), Archis, Amsterdam, September 2015

Baggini, Julian, *Super Excited* in *Aeon*, bit.ly/24sQP9A, 08.10.14

Bratton, Benjamin, *We Need to Talk about TED* in *The Guardian*, bit.ly/1cPsOPk, 30.12.16

Cheslaw, Louis, *The Strange Rituals of Silicon Valley Recruiting* in *The Atlantic*, theatln.tc/1RJnMNk, 25.01.16

Cocke, Andrew, *bldgs=data*, bit.ly/1su2eKH, 13.05.15

Davis, Daniel, *What's Next for Autodesk is What's Next for Architects* in *Architect Magazine*, bit.ly/1UCzrN2, 17.12.14

Daniel Davis, *Three Top Firms that are Pursuing Design Research*, bit.ly/1YaJzQ5, 18.02.15

Deamer, Peggy, *Letter to the Editors* in *Volume 45: Learning* (pp. 6–7), Archis, Amsterdam, September 2015

The Economist, *The Democratisation of Learning*, bit.ly/25H1xfe, 26.09.14

Holmen, Mads, *Popularity vs Diversity*, bit.ly/1U3zf9t, 10.06.2015

Hull, Dana, *Students Are Battling to Make Elon Musk's Hyperloop a Reality* in *Bloomberg*, bloom.bg/1PY6x58, 29.01.16

Kessler, Sarah, *Adam Neumann's $16 Billion Neo-Utopian Play To Turn WeWork Into WeWorld* in Fast Company, bit.ly/22eBj5F, 14.03.16

Latour, Bruno, *Reassembling the Social: An introduction to Actor-Network Theory*, Oxford University Press, Oxford, 2005

Lau, Wanda, *A LEED Dynamic Plaque for Every Building, New and Old* in *Architect Magazine*, bit.ly/1WBKARL, 28.01.14

Mau, Bruce, *Massive Change: A Manifesto for the Future of Global Design*, Phaidon Press Ltd, London, 2004

Pariser, Eli, *Did Facebook's Big New Study Kill My Filter Bubble Thesis?* in *Back Channel*, bit.ly/1r9Ahq5, 07.05.15

Self, Jack, *Time Confetti* in *Volume 45: Learning* (pp. 130–134), Archis, Amsterdam, September 2015

Tran, Greg, *Mediating Mediums – The Digital 3D*, bit.ly/1WBJLZ7, 09.06.2011

Young, Liam, *Interview: on Speculative Architecture and Engineering the Future* in *NextNature*, bit.ly/1tbHjMY, 29.03.15

注释

1   Latour, Bruno, *Reassembling the Social: An introduction to Actor-Network Theory*, Oxford University Press, Oxford, 2005

2   Axel, Nick, *Letter to the Editors in Volume 45: Learning* (p. 6), Archis, Amsterdam, September 2015

3   Self, Jack, *Time Confetti* in *Volume 45: Learning* (pp. 131), Archis, Amsterdam, September 2015

4   The Economist, *The Democratisation of Learning*, bit.ly/25H1xfe, 26.09.14

5   18分钟是TED演讲的平均时长。

6   Baggini, Julian, *Super Excited* in *Aeon*, bit.ly/24sQP9A, 08.10.14

7   Pariser, Eli, *Did Facebook's Big New Study Kill My Filter Bubble Thesis?* in *Back Channel*, bit.ly/1r9Ahq5, 07.05.15

8   Holmen, Mads, *Popularity vs Diversity*, bit.ly/1U3zf9t, 10.06.2015

9   在*WeWork*获得的2015个案例。

10   Cocke, Andrew, *bldgs=data*, bit.ly/1su2eKH, 13.05.15

11   Lau, Wanda, *A LEED Dynamic Plaque for Every Building, New and Old* in *Architect Magazine*, bit.ly/1WBKARL, 28.01.14

12   Davis, Daniel, *What's Next for Autodesk is What's Next for Architects* in *Architect Magazine*, bit.ly/1UCzrN2, 17.12.14

13   Deamer, Peggy, *Letter to the Editors* in *Volume 45: Learning* (p. 7), Archis, Amsterdam, September 2015

14   Cheslaw, Louis, *The Strange Rituals of Silicon Valley Recruiting* in *The Atlantic*, theatln.tc/1RJnMNk, 25.01.16

15   Ibid

16   Kessler, Sarah, *Adam Neumann's $16 Billion Neo-Utopian Play To Turn WeWork Into WeWorld* in *Fast Company*, bit.ly/22eBj5F, 14.03.16

17   Hull, Dana, *Students Are Battling to Make Elon Musk's Hyperloop a Reality* in *Bloomberg*, bloom.bg/1PY6x58, 29.01.16

18   Daniel Davis, *Three Top Firms that are Pursuing Design Research*, bit.ly/1YaJzQ5, 18.02.15

19   Young, Liam, *Interview: on Speculative Architecture and Engineering the Future* in *NextNature*, bit.ly/1tbHjMY, 29.03.15

20   Tran, Greg, *Mediating Mediums – The Digital 3D*, bit.ly/1WBJLZ7, 09.06.2011

21   作为案例研究哈佛设计学院GUND的大厅不同使用者的需求媒介。

22   Tran, Greg, *Mediating Mediums – The Digital 3D*, bit.ly/1WBJLZ7, 09.06.2011

23   Ibid

知识工具

UNStudio广泛且不断发展其知识平台内的11个"知识工具"。这些工具充当知识平台的子项，为我们的研究提供了更多的关注点。每种知识工具的成功应用取决于其实现新的表现性回馈的能力，以此来应对该行业所面临的新兴而持久的挑战。其中许多工具都有辨识度很高的名称，如"连接的尺度"和"底层结构"，而其他工具，包括"轻型巨构"和"扭曲"，是在UNStudio的设计环境中演绎出的独特方法。在这两种情况下，知识工具旨在质疑、推进和克服眼前问题的常规方法。

使用多种知识工具推进项目是我们工作的一贯目标。因此，本书中的一些特定项目既不是按顺序排列，也不是被整体展示。相反，以下章节将阐明每个知识工具的具体态度和技巧如何在一系列项目中实现。这意味我们在谈论不同的知识工具时会重复地提到一些项目——用来展示其不同的表现性质，体现出影响每个项目的不同背景动因和学科重点是如何被协调的。

随着建筑行业更充分地参与到不断发展的知识共享经济中，建筑师每天使用的知识工具需要随之扩展。因此，本书中介绍的知识工具集也将在未来被扩展，朝着更加密集的技术和思想网络发展。虽然知识平台为建筑领域的扩展提供了框架，但知识工具中包含的研究、经验和预测之间持续反馈的循环形成了一种机敏的实践形式，在可以满足当下最突出的需求的同时，预测并推进未来的需要。

创新组织平台

60 巨型节点
61 吊顶和楼梯
74 屋面景观
82 立面

92 扭曲
93 原型
101 项目

130 公共建筑
131 身份
139 相互作用
144 连接

162 控制的中庭
163 离心
176 活力
194 包容性

202 底层结构
203 经验
212 流动性
221 速度

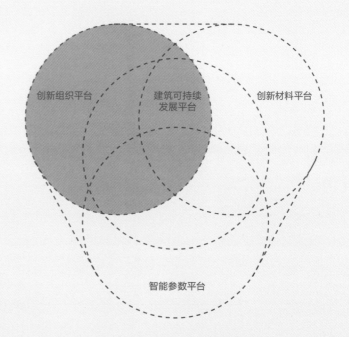

创新组织平台

建筑可持续
发展平台

创新材料平台

智能参数平台

建筑组织通常是建筑项目中比较沉闷的部分。实际上，建筑类型的逐渐正规化表明建筑创新可能越来越少。然而，对于UNStudio来说，设计首先是组织问题。对我们而言，建筑创作从以前到现在从未止步于形式创作；它是以提高建筑性能为目的来整合项目不同部分的方式。塑造我们专业的内在技术、战略和概念正在与一套日益复杂的外在力量相互博弈，这对我们发展能够克服这种僵局的组织形式提出了挑战。

为实现这一目标，"创新组织平台"收集了一系列工具，通过对现有挑战的批判，从中生成新组织类型的"DNA"。这些工具涵盖了从内部学科发展，比如"扭曲"的吸收和调整网格中无处不在的力量的能力，到"连接的尺度"的外部背景问题，发展出一些方法来激活功能组织、土地所有权，以及城市和建筑之间的剩余空间。

巨型节点

建筑物中最不可简化和必要的组成部分可以被定义为"巨型节点"（重要节点）。通常做法要求在核心筒、楼板、结构和立面的特定处理和组织中实现这些巨型节点。我们的定义扩展了这一主张，并寻求一种更广泛的概念，这些概念有助于为建筑项目带来清晰的重点。

在阐述这些基本建筑元素的基础上，我们定义的巨型节点是指建筑的主要概念、经验、组织和结构元素。拓展这种巨型节点作用和定义的愿望一直是我们不断探究的持续动力。在1994年的文章《存储细节》（*Storing the Details*）中，我们讨论了这种理论缺点的本质。我们验证了这些能产生有意义的实际体验效果的细节潜能，而不是仅仅停留在"高高在上的理论争论"层面。有四个要点被认为可以扩展细节本质的概念。无论是抵制画蛇添足的阐述，在感知上扩展和延伸空间，展现现有环境的独特品质，还是为项目引入新的秩序——重新思考细节的潜力和挑战，都不可避免。

利用巨型节点这一知识工具的设计已经演变成一种操作模式，可以在语言的概念世界和建构的物质世界之间找到转换。落实一个巨型节点意味着从根本上拒绝利用画蛇添足的、可替换的元素去理解建筑这一观念。相反，重要节点通过建筑建立了一个反复出现的逻辑，不是只产生在一个短暂时刻，而是存在于许多时刻，因为它在建筑内部和外部形式上都能被解读出来。

吊顶和楼梯

作为多个层面的重要节点——吊顶和楼梯是能够承担诸如连接、建立路径、组织程序和引导流线等任务的组织设计元素。这里介绍的吊顶和楼梯超越了任何标准和单一功能，为目前项目的类型问题建立了特别高效的解决方案。

瓦尔霍夫博物馆，奈梅根，荷兰，1995—1999年
Valkhof Museum, Nijmegen, The Netherlands, 1995-1999

两个重要的节点定义了瓦尔霍夫博物馆的空间和组织体验：楼梯和吊顶。楼梯从公共广场开始，持续向内延伸，并在建筑物的中心分叉展开，同时，吊顶上的构件在上方也作为一种引导。这两个元素同时提供多种功能。楼梯形成了建筑的结构和路径引导的核心。它将访客引导到各种功能区域，包括咖啡馆、图书馆、博物馆和中央大厅，同时提供驻足和休息的空间。吊顶的连续性统一协调了所有设备装置，并为博物馆带来了连贯性。其起伏的波浪形状根据访客的预期行迹而变化。在大多数人聚集的空间中，波浪频率增加；而在需要更少温度调节设备的地方，波浪节奏的变化也更舒缓。

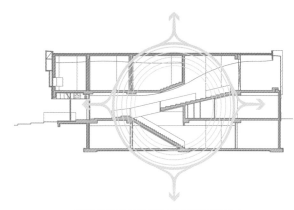

楼梯是整个博物馆结构和基础的核心

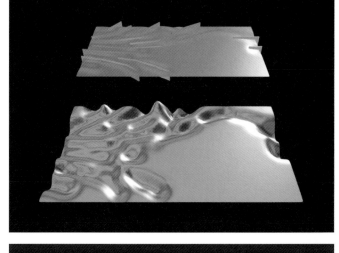

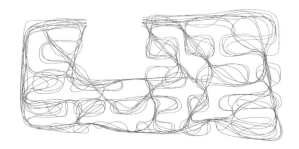

五个"街道"的对角线开口实现了人流循环

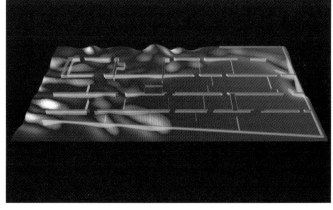

收藏家的公寓，纽约，美国，2007—2010年
Collector's Loft, New York, USA, 2007-2010

曼哈顿公寓的吊顶是画廊和生活空间之间对话的催化剂。墙壁和灯光由这个重要节点组织并表现出来，创造了一系列融合的状态，对立、夸大、融合了展览与生活空间之间的关系。通过发光和不透明效果的交替出现，吊顶营造出了一个环境和内部照明融合的场所，以适应展览和日常行为的各种需求。不透明的区域由精妙的拱形元素组成，给人无限延伸的吊顶的印象，隐匿了空间的真实高度。吊顶的发光部分由18000个LED灯组成。这种大规模的光膜有多种用途：它通过创造高度上的错觉来平衡阁楼的比例，起到不显眼的空间分隔的作用，并且可以编排，用各种不同的光线照亮空间。通过发光和不透明之间交替的效果，吊顶成为环境和局部照明的交会点。

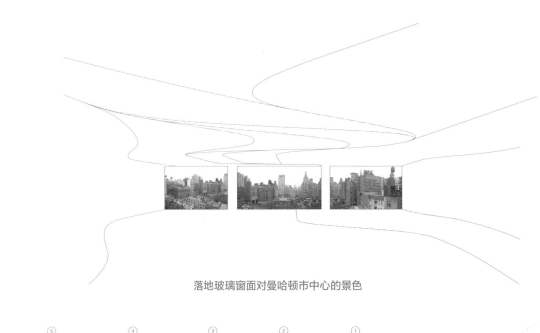

落地玻璃窗面对曼哈顿市中心的景色

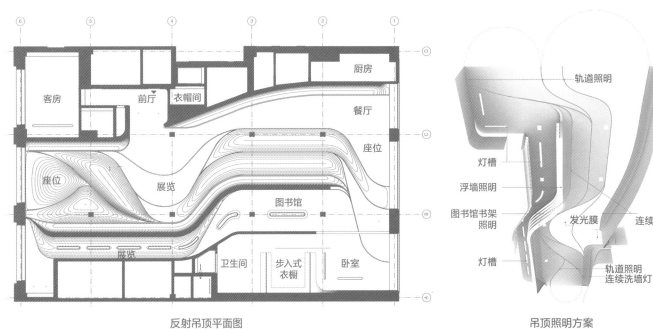

反射吊顶平面图

吊顶照明方案

加莱里亚百货商场，首尔，韩国，2003—2004年
Galleria Department Store, Seoul, South-Korea, 2003-2004

　　这种室内装饰出的流通空间被概念化为"马道"，这是一种在吊顶上集成照明的解决方案。线形导轨沿着走廊的方向照亮吊顶，并利用曲线来反映方向的变化。当两个走廊连接在T形交叉口或X形交叉口时，轨道顺应这种形态以适应新的方向。在导轨下方拉伸白色塑料薄膜，并且在每隔一根导轨上安装TL灯。半透明的白色箔片将光线均匀地反射在主要走廊上方的连续区域中，当与上方灯光结合时，会在吊顶上投射出多个阴影以创造出景深的感觉，并强化对方向的导引。

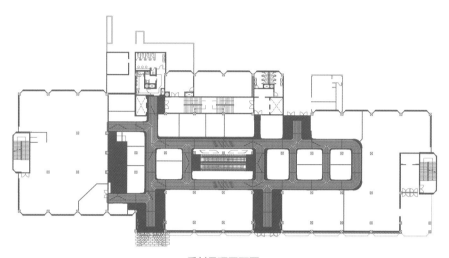

反射吊顶平面图

吊顶图

巨型节点通过建筑建立了一个反复出现的逻辑，不是只产生在一个短暂时刻，而是存在于许多时刻，因为它在建筑内部和外部形式上都能被解读出来。

温伯格之家，斯图加特，德国，2008—2011年
Haus am Weinberg, Stuttgart, Germany, 2008-2011

内部流线、场景布置和功能分布由楼梯这个重要节点决定。中部结构的扭转支撑起主楼梯，起到组织建筑内部主要流线的作用。每条曲线的方向由一组对角线运动轨迹确定。扭曲的楼梯顺着太阳的轨迹扭转并重新结合功能分布来引导人员，并逐渐向外部打开视野——每个场景都成为内部的整体体验。

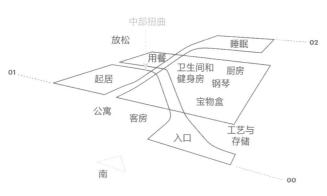

围绕中央楼梯组织活动

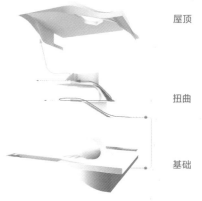

楼梯的中部扭曲由一组对角线动态控制

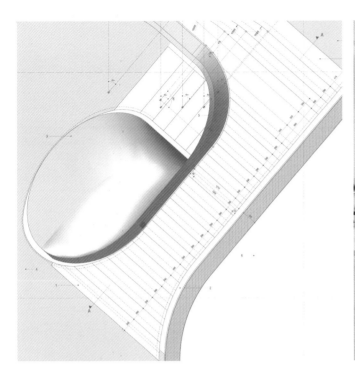

库塔伊西国际机场，库塔伊西，格鲁吉亚，2011—2013年
Kutaisi International Airport, Kutaisi, Georgia, 2011-2013

整个机场航站楼的体量围绕一个中央伞状结构展开，为离港旅客提供外部空间。在内部，伞状结构起到透明的核心作用，用于顺畅组织和分离到达与离开流线。屋顶的主要承重桁架支撑着中央庭院的底部，并延伸到陆侧和空侧外部檐棚。概念化为"叶片"的桁架也为设备安装提供了一个整合空间，并起到声学降噪器的作用。因此，结构以混合结构实现：钢制预制桁架形成主要结构，而层叠木质材料提升并定性了航站楼的空间品质。

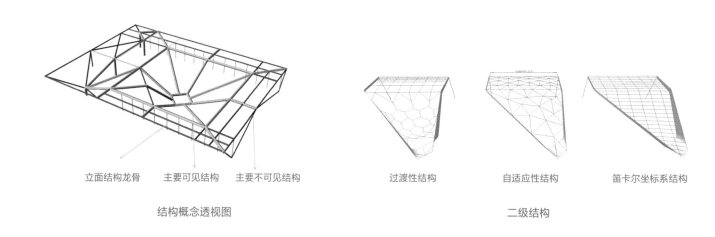

立面结构龙骨　　主要可见结构　　主要不可见结构

结构概念透视图

过渡性结构　　　　　自适应性结构　　　　笛卡尔坐标系结构

二级结构

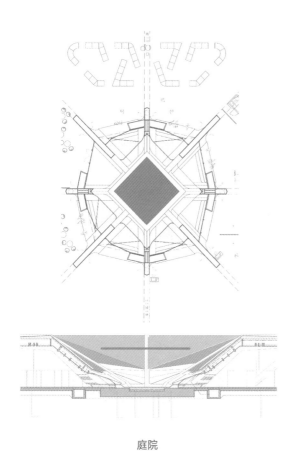

庭院

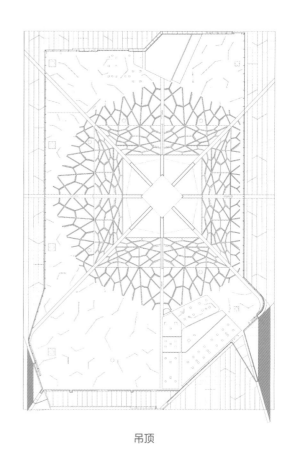

吊顶

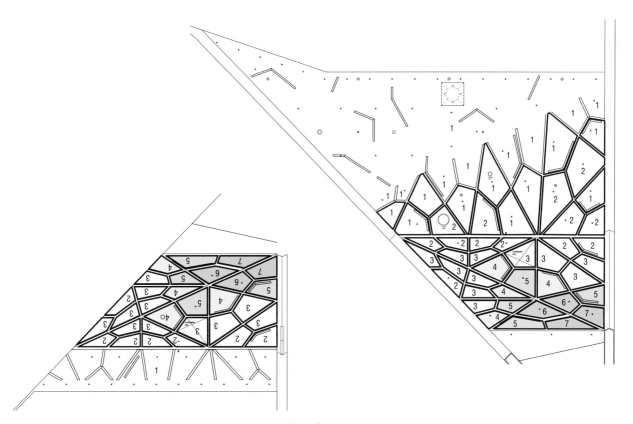

缤纷"叶片"结构平面

73

屋面景观

屋面景观的表现性超出了它作为可使用的顶面的用途，成为一个完整的程序上和组织上的催化剂。屋面景观作为一个重要节点，为设计师提供了将公共项目纳入个人或商业建筑的机会，以及在气候允许的环境中描绘室外项目的可能性。

帕罗迪桥，热那亚，意大利，2001年至今
Ponte Parodi, Genoa, Italy, 2001 to present

帕罗迪桥的屋面景观由三个极具设计感的特征激活：城市广场、第五立面和连接装置。这些设计策略结合起来，为当地社区创造了一个城市公园，同时为商业设施提供了结合点。凭借其低矮的起伏轮廓，广场成为该项目最重要的立面，透过它可以看到热那亚的阿尔卑斯式及地中海式的环境。这个三维起伏的景观中的各种庭院在不同高度的流线和公共功能上，连接了丰富的活动空间，如体育设施、展览、游轮码头、电影院、商店、网吧、工作室、餐厅、礼堂和办公室。

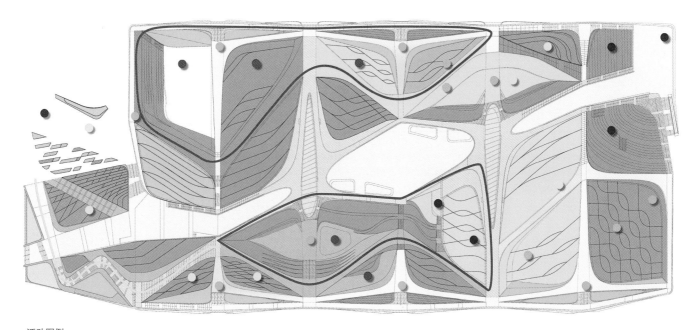

活动图例
- 视野
- 放松
- 文化
- 娱乐
- 运动

站区总体规划，吉戎，西班牙，2005年
Masterplan Station Area, Gijon, Spain, 2005

吉戎车站区的总体规划将城市中各自独立的部分编织在一起，在不同的社区中，车站和海滩之间建立了连接和视线联系，同时在新的综合开发项目中建立了一个主要步行平台。车站的屋顶被设计为公园向上的延伸，一个可从铁轨两侧进入的公共空间。步行区域在朝向入口大厅的方向上逐渐扩大，而在车站顶部的交会点则可以欣赏到广场背后城市和海滩的全景。大厅的屋顶成为景观的一部分，提供跨越全局轴线上的局部连接点，并修复由现有铁路线带来的城市肌理上的割裂。

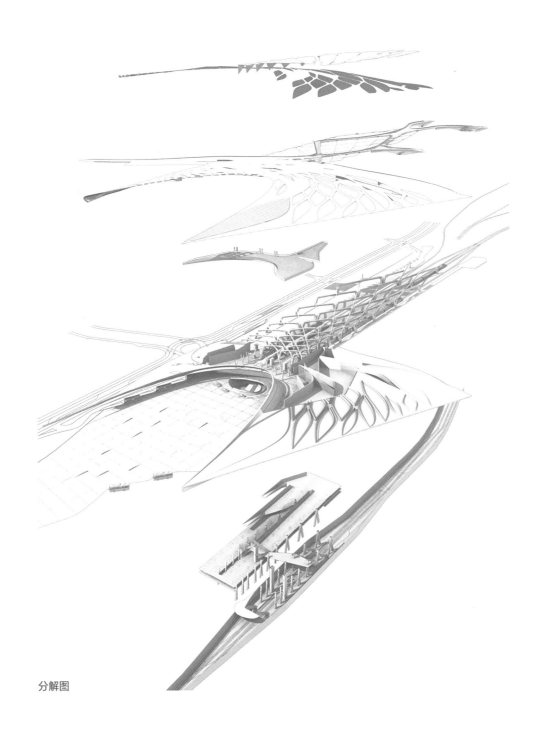

分解图

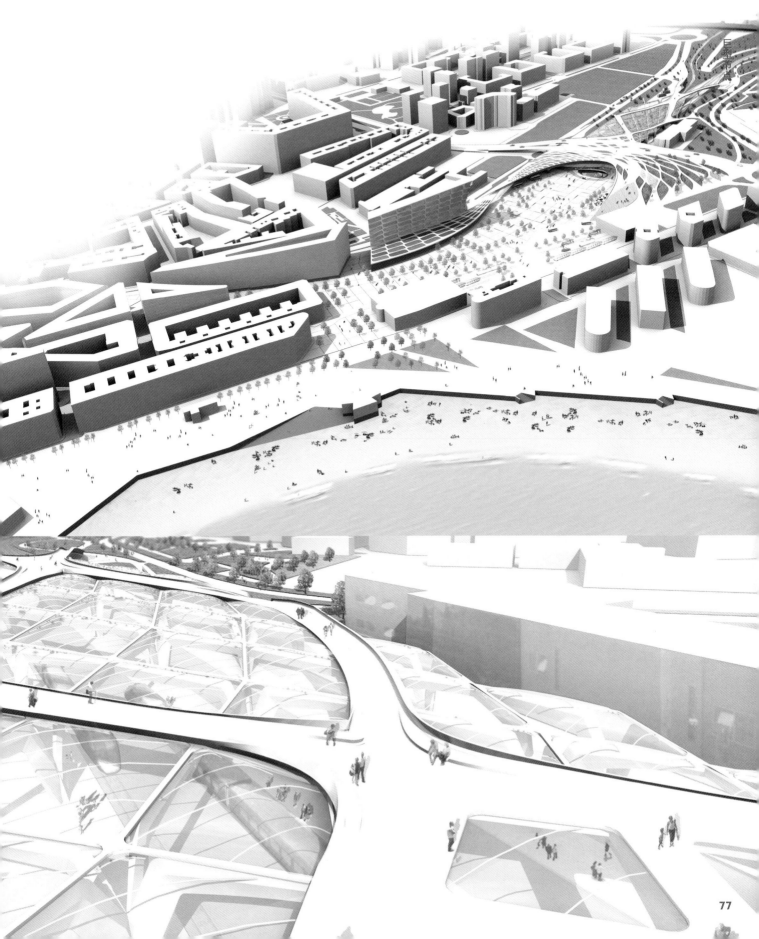

新加坡技术与设计大学，新加坡，2010—2015年
Singapore University of Technology and Design (SUTD), Singapore, 2010-2015

这个学术校园的整个建筑物、景观元素和对角空间策略性的连通性都能被很好地展示和感知。一系列种植屋顶的露台和空中花园，以及众多绿化节点如阴凉庭院和树荫走道，都在回应新加坡的自然景观和气候特征。庭院有良好的灯光和有效的遮阳，并通过"风廊"连接到校园的流通空间中，这些走廊将东北和东南风引入庭院，同时提供穿越楼层的人行通道。在新加坡技术与设计大学里，"屋面景观"被视为贯穿校园各个层面的连续景观。

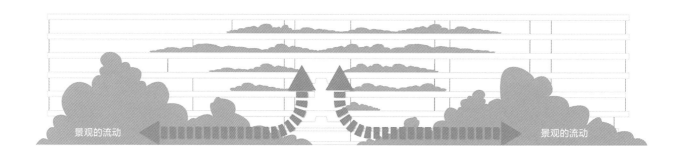

景观的流动　　　　　　　　　　　　　　　　　　　　　　　　　　景观的流动

水平景观　　　　　　　　　　　　　垂直景观　　　　　　　　　　　　　水平景观

立面

作为重要节点的立面同时吸收和集成了许多功能。交织的结构元素、户外空间、遮阳和控制日光透射的策略相结合，创造出变化和韵律，激发出建筑物的轮廓以响应其特定的设计环境。

阿尔德莫尔公寓，新加坡，2006—2013年
The Ardmore Residence, Singapore, 2006-2013

阿尔德莫尔公寓的立面来源于几个细微设计特点的共同作用，包括连成一条线的凸窗和阳台。建筑物每隔四层重复一种立面范式，而无柱转角区域的圆形玻璃在视觉上将内部空间与外部阳台融为一体。交错的线条和表面包裹着公寓，无缝融合遮阳系统并确保公寓的内在品质和建筑的外观相结合，形成一个统一的整体。从远处的各种视角来看，塔楼似乎呈现出不同的轮廓。更深入地解读形状和孔洞之间的关系可以使观察者了解立面在抽象和具象之间的微妙变化。

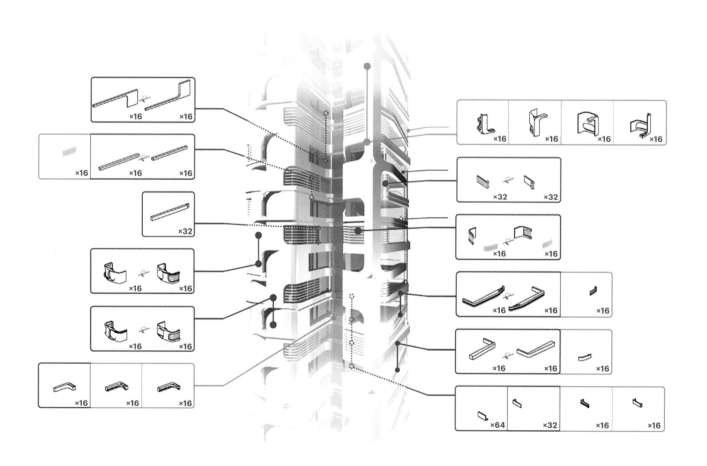

重复元素

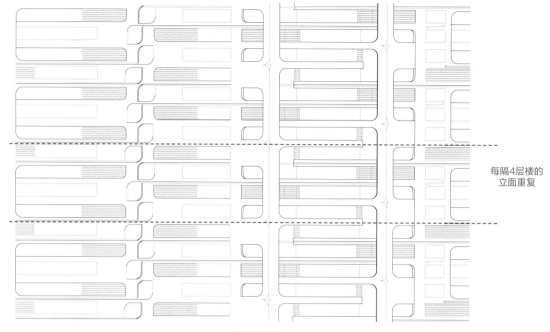

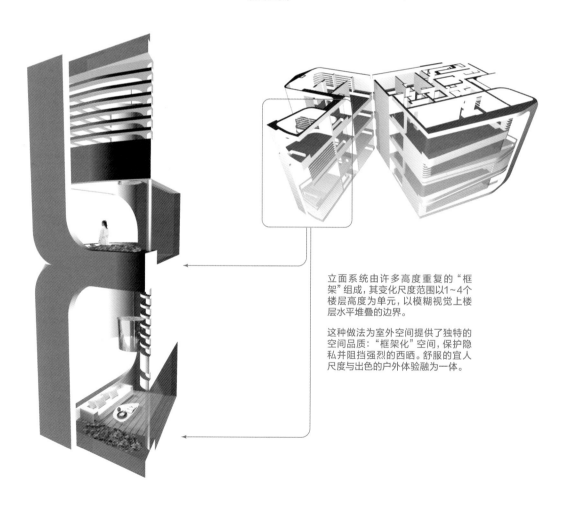

每隔4层楼的
立面重复

展开立面

立面系统由许多高度重复的"框架"组成，其变化尺度范围以1~4个楼层高度为单元，以模糊视觉上楼层水平堆叠的边界。

这种做法为室外空间提供了独特的空间品质："框架化"空间，保护隐私并阻挡强烈的西晒。舒服的宜人尺度与出色的户外体验融为一体。

卡纳莱托大厦，伦敦，英国，2011—2016年
The Canaletto Tower, London, England, 2011-2016

外立面的框架系统定义了卡纳莱托大厦的外部轮廓。这些多层系统赋予建筑物辨识性，并对公寓的内部生活品质以及更大的城市视角产生很大影响。九个体块将公寓分成几组，为其所有者提供垂直定位，而相邻的较小尺度的历史建筑在概念上反映了这些系统所创造的比例。上位规划所预设的限制意味着只能对建筑物外形进行微小的调整。立面系统通过在其深度上融合丰富性和朱丽叶式阳台来协调这一明显的限制。这种策略将生活空间向外部全景式的城市开放。衍生自原始设计的垂直缝隙由系统单独呈现，立面系统从建筑物的北侧和南侧包裹并扭转回来。这种特别设计的轮廓有助于强调建筑细长的轮廓，成为一座与伦敦天际线相比独特而在比例上又有呼应的建筑。

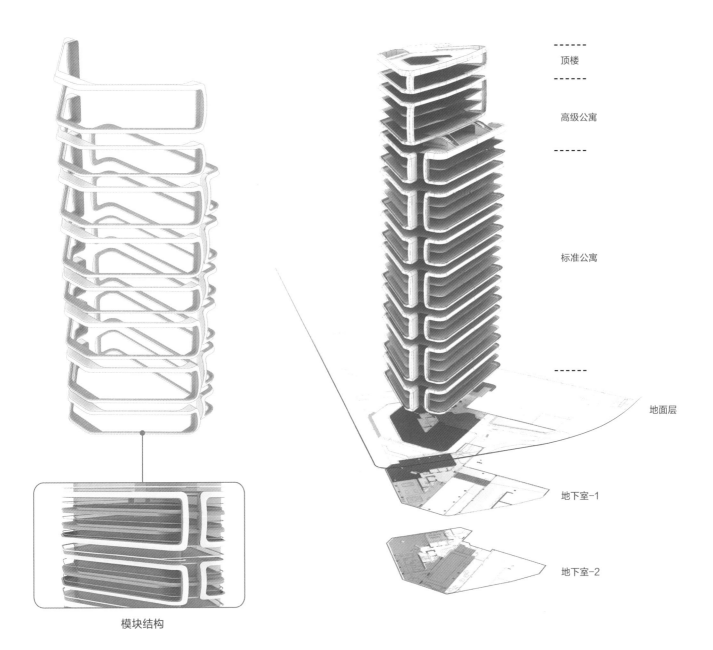

顶楼

高级公寓

标准公寓

地面层

地下室-1

地下室-2

模块结构

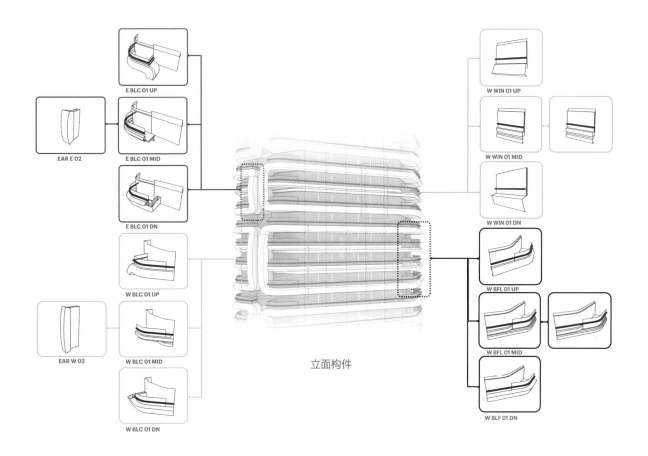

E BLC 01 UP

EAR E 02

E BLC 01 MID

E BLC 01 DN

W BLC 01 UP

EAR W 02

W BLC 01 MID

W BLC 01 DN

W WIN 01 UP

W WIN 01 MID

W WIN 01 DN

W BFL 01 UP

W BFL 01 MID

W BLF 01 DN

立面构件

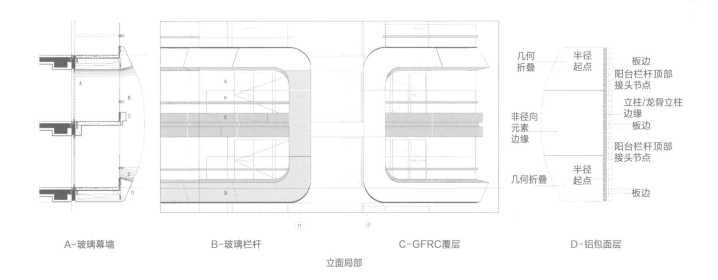

A-玻璃幕墙

B-玻璃栏杆

C-GFRC覆层

D-铝包面层

几何折叠

半径起点

板边
阳台栏杆顶部接头节点

立柱/龙骨立柱边缘

非径向元素边缘

板边

阳台栏杆顶部接头节点

几何折叠

半径起点

板边

立面局部

樟宜机场综合体，新加坡，2012年
Changi Airport Complex, Singapore, 2012

　　立面以一种姿态结合了可持续和系统化功能。两个大型的南北立面包裹了一个整体式玻璃花园，东西半透明的外壳可容纳外部屋顶花园。立面的第一层，大部分是不透明的，为建筑物提供了气候屏障。在这层立面上，开窗设计遵循了满足视线和日光的功能需求的原则。第二层由可透光的格子图案组成。镶嵌的六边形图案遵循最初的设计语言，但是通过图案旋转来变化，从而产生非定向图案。通过对单元不同开放程度的控制提供进一步的变化。这些变化使较封闭的北立面和南立面逐渐过渡到图案中心的更开放的区域。在壳体内部，开窗方式遵循一定原则，以允许日光穿透和保留更好的视线，同时在需要的区域内使遮阳效果达到最优。在不透明的表面上，立面形成太阳投射的线性阴影，为整个立面增添了微妙的莫尔效应。

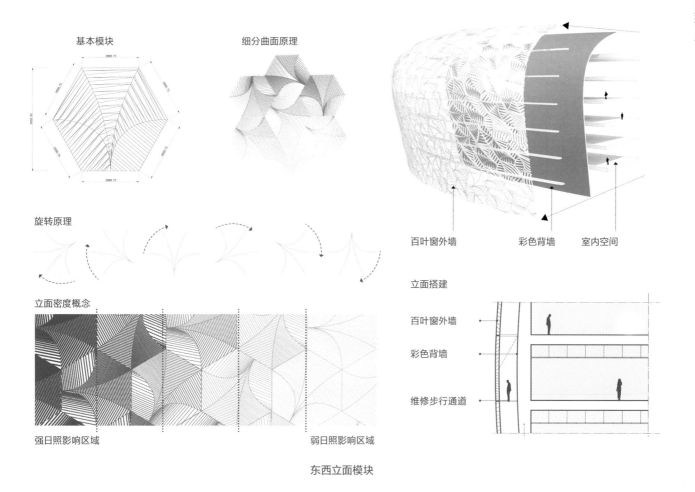

基本模块

细分曲面原理

百叶窗外墙　　　彩色背墙　　　室内空间

旋转原理

立面搭建

百叶窗外墙

彩色背墙

维修步行通道

立面密度概念

强日照影响区域　　　　　　　　　　弱日照影响区域

东西立面模块

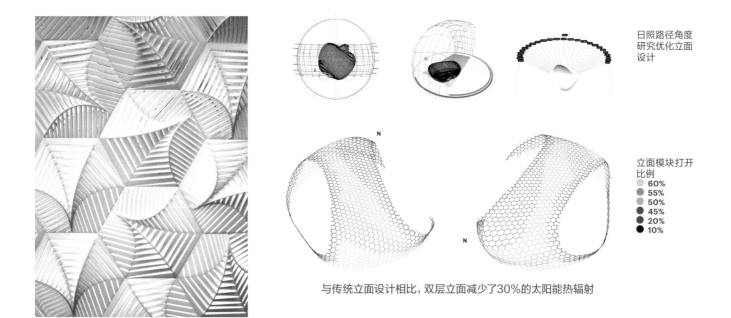

日照路径角度研究优化立面设计

立面模块打开比例
- 60%
- 55%
- 50%
- 45%
- 20%
- 10%

与传统立面设计相比，双层立面减少了30%的太阳能热辐射

扭曲

从照片中看来，"扭曲"像一个独特的雕塑元素、一个美丽的形式、一种动态的表达。虽然非常容易实现这种雕塑感，但扭曲的真正意义在于它能够产生丰富多样的效果，这些效果对建筑艺术表现力和运动中的体验具有重要影响。

这种扭曲与传统主义者的结构概念有很大不同，传统的结构概念期待建筑元素在不同层面发挥其独特作用。以数学模型为例（例如Seifert和其他最小曲面），这种扭曲的特点是使各种组织联系运动起来的高层次的形体操作。当空间中包含了可以看穿的视线通廊时，这种活力更加明显，而且，扭曲的空间似乎更明显地处于一种永恒的空间中。

如果说轴线网格长期以来一直作为建筑物和城市的排序逻辑，那么扭曲则提供了一个例外和新秩序的引入。它不是替换网格的地位，而是能够重构该区域的形态，通过空间建立新的流线和轨迹。这个概念提供了一种没有穷尽的特质，而不是死胡同，这恰恰是网格的症结。

无论是在公共建筑中还是私人住宅中，扭曲很难完全显示稳定的视线或联系。这使我们凭借经验本能去关注复杂几何形状的多种可能性，以模糊其他离散空间之间的定义——当一个视野建立起来，另一个视野就不复存在。总而言之，正是这些特点要求我们更加积极地利用空间。

原型

公共活动或展览用的临时建筑物通常作为创意和解决方案的原型目录，以便以后可以在建筑物中将这些创意和方案进行扩展。它们的临时属性允许对不同的建筑要素进行实验和组合，以测试在普通建筑中本需要更多投资和时间才能实施的概念和解决方案。反过来说，临时建筑物可以扩展最初应用于建筑物的很多想法，形成现有和未来建筑之间的概念桥梁。这种临时建筑物作为原型的双重功能在UNStudio的所有作品中发挥了重要作用。

更衣室，威尼斯建筑双年展，2008年
The Changing Room, Venice Biennale of Architecture, 2008

更衣室小品装置使我们有机会拓展并进一步发展无法在过去几年在NM别墅项目中试图实验的想法。在更衣室这个临时建筑中，扭曲这一元素被扩展了，设计的结果是一个无缝的闭合结构，几乎就像纺织品一样缠绕在基础结构周围。无缝的连续表面通过三叶形状的建筑逐渐展开，又被分解成带状，在吊顶、墙壁、地板之间流动，并在它们之间不断扭曲。

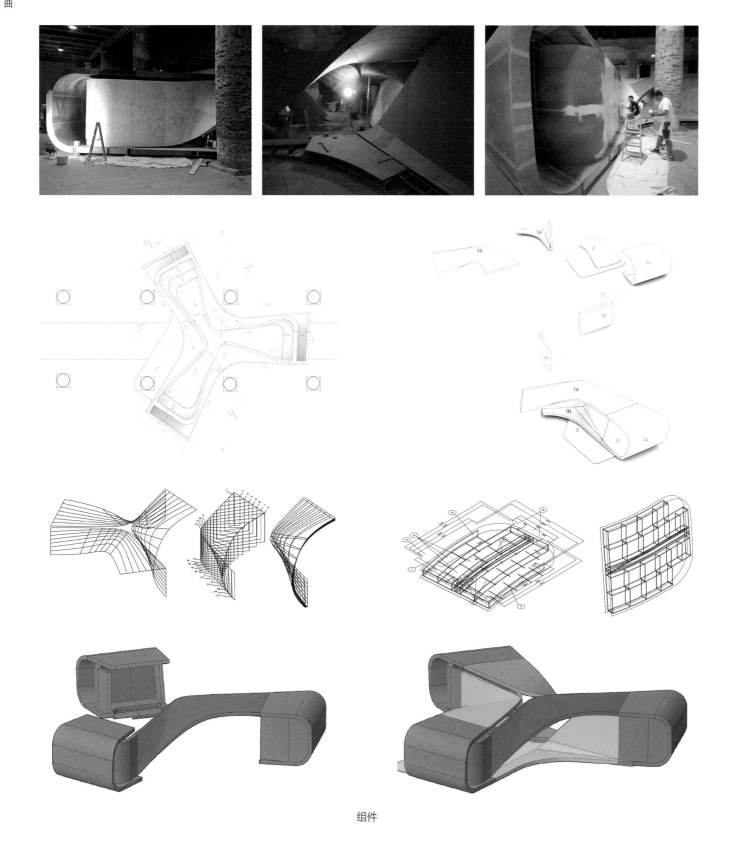

组件

伯恩汉美术馆，千禧公园，芝加哥，美国，2009年
The Burnham Pavilion, Millennium Park, Chicago, USA, 2009

　　该地点的特殊性标志着伯恩汉美术馆在呆板的几何形状与漂浮、多维度空间之间的变化。该结构将所有功能和空间关系吸纳到一个连续元素中。这种扭曲和雕琢的元素衬托出了关注点，定义并构筑了通往城市的视野，并通过其形式上的变化实现了动态的感觉。三个沿对角线布置的屋顶开口放大了建筑的张力，进一步削弱了任何有关方向等级的暗示。

3柱列　　　　　　　　　　2柱列　　　　　　　　　　1柱列

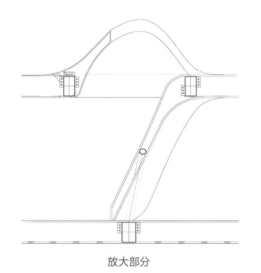

放大部分

新阿姆斯特丹普莱因展馆，纽约，美国，2008—2011年
New Amsterdam Plein & Pavilion, New York, USA, 2008-2011

　　这个展厅的扭曲隐藏了吊顶、墙壁和地板之间的界限，这种姿态促进了建筑形式与炮台公园周围景观之间的开放性。展厅由四个相同的翼形构件组成，中央由一系列扭曲汇聚起来，墙体的拼合是将一个翼形构件与下一个翼形构件的顶部合并形成的，从而将所有四个翼形构件连接在一个连续的环中。

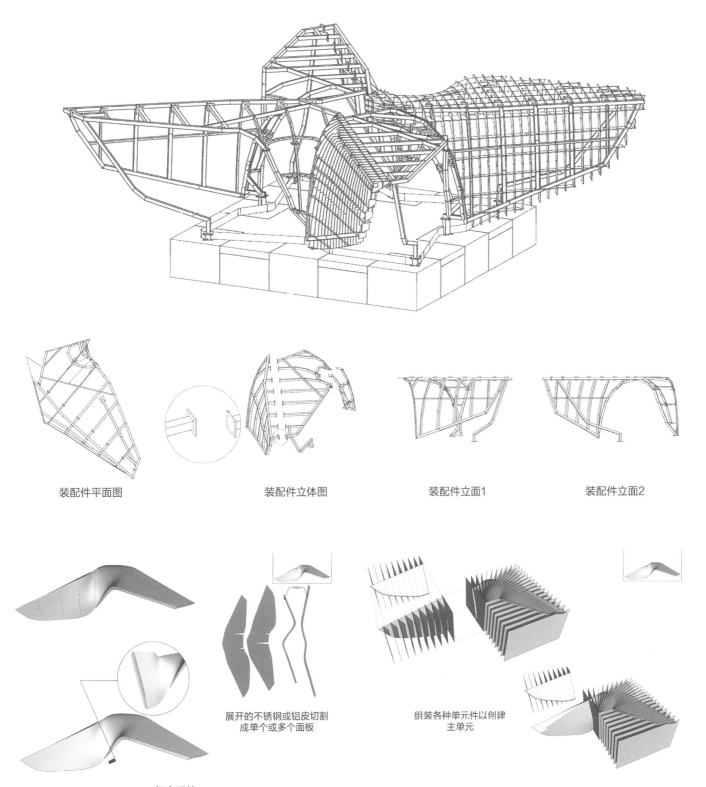

装配件平面图　　　　　　　装配件立体图　　　　　　装配件立面1　　　　　　装配件立面2

展开的不锈钢或铝皮切割
成单个或多个面板

组装各种单元件以创建
主单元

复合系统
由包裹在金属表皮中的硬质泡沫组成
表面几何形状必须合理化为可展开的表面模块系统

模型系统
由可重复使用的模块组成，可多次用于异地或现场生产

扭曲

项目

扭曲是UNStudio项目中反复出现的策略，尽管其应用和效果差别很大，但作为研究和设计的重点，它在几何学、建筑技术和材料学方面一直是发展和改进的主角。所有这些都是通过各种项目的具体要求体现出来的。

阿纳姆中央车站，阿纳姆，荷兰，1996—2015年
Arnhem Central Station, Arnhem, The Netherlands, 1996–2015

阿纳姆中央车站总体规划中最重要的元素之一是一系列扭曲的结构支撑。这些"扭曲"塞弗特（Seifert）几何形状是承重结构构件，使无柱车站大厅空间成为可能，同时由此产生的扭曲形态和视线交会在一起，成为标志性元素，将稳定的旅客流线引导至平面的各个部分。几何形状源于对车站建筑表面几何形体的拓扑研究，扭曲源于屋顶几何形态，并且流畅地将其连接到地面。主要的扭转构件称为"前扭曲"，是一种具有多种功能的复杂构件：首先，它作为其中一个主要的承重构件，将屋顶跨度一分为二；其次，该构件将屋顶分开，形成大型天窗，允许日光直射进车站内部，并向下进入设置自行车存放设施的两个地下层。

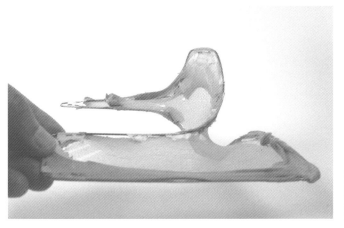
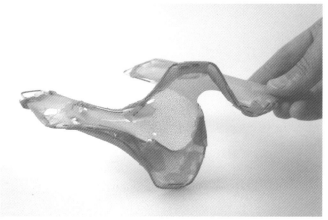

研究模型: 扭曲

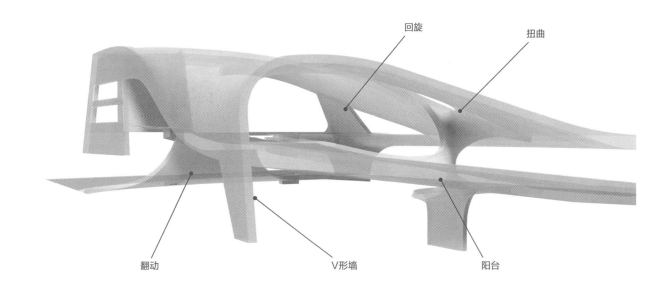

回旋　扭曲

翻动　V形墙　阳台

主要建造构件

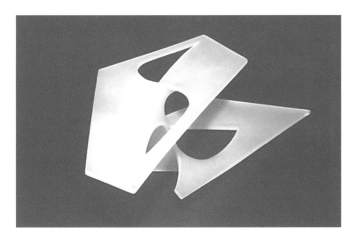

扭
曲

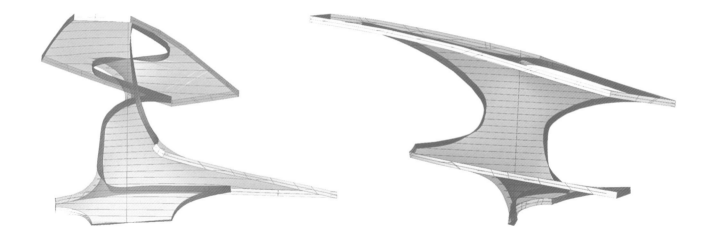

端部扭曲　　　　　　　　　　　　　　　　边缘扭曲

扭曲

105

这种扭曲的特点是使各种组织联系运动起来的高层次的形体操作。

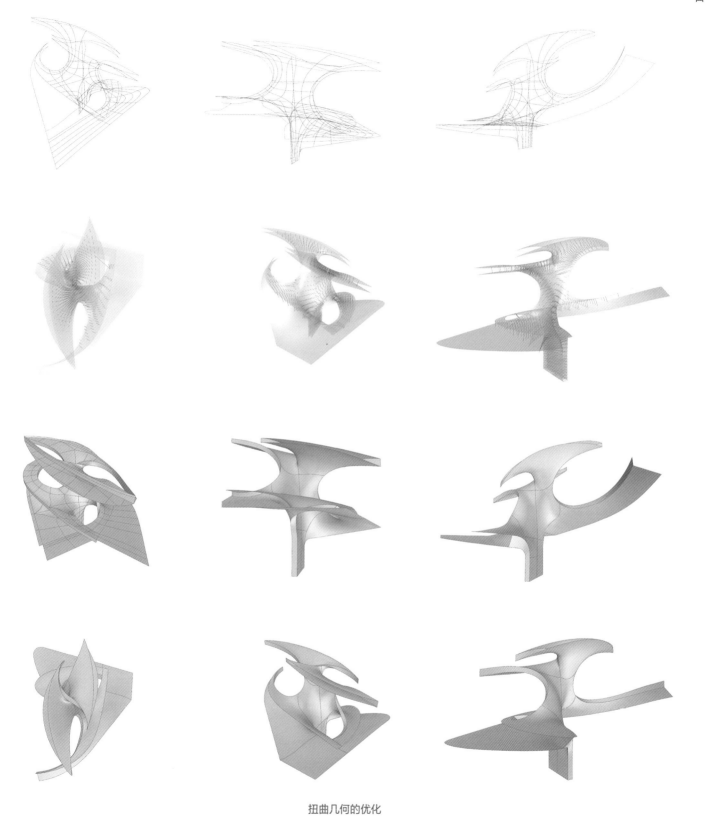

扭曲几何的优化

音乐厅，格拉茨，奥地利，1998—2008年
Music Theatre, Graz, Austria, 1998-2008

　　MUMUTH音乐厅的扭曲是将建筑的3层空间紧密联系在一起的重要构造元素，划分功能并引导流线。这种扭曲的实现是我们所见过的最具挑战性的事情之一。项目使用自密实混凝土。这种混凝土是从下面泵入而不是像通常的方法那样从上面浇灌，施工期间需要高精度的尺寸控制。这样才能通过这种螺旋形结构构件，将入口空间连接到礼堂和上面的音乐厅，使得门厅的自由流动空间成为可能。扭曲在建筑物的这一端将3层连接在一起，反过来成为公共空间的中心标志，音乐厅的活动围绕着它旋转展开。

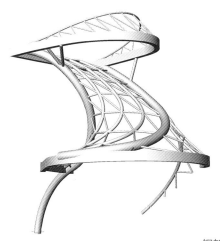

钢架，扭曲（一层楼梯）

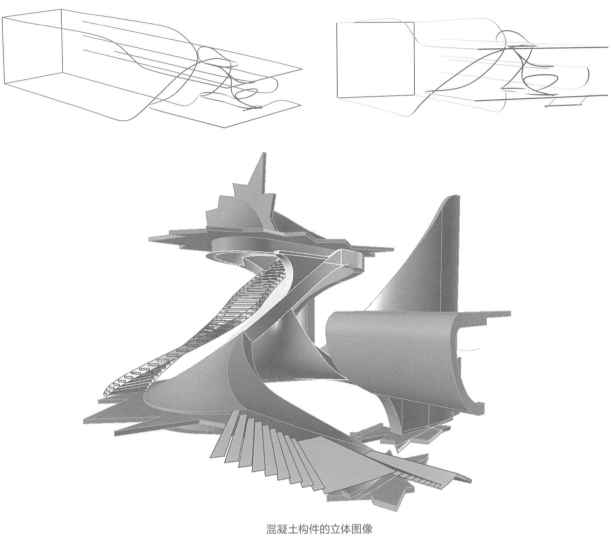

混凝土构件的立体图像

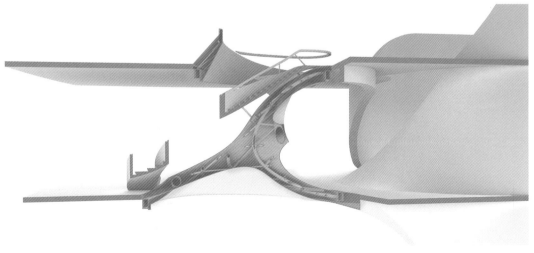

截面扭曲的立体图像

扭曲

NM别墅，纽约州北部，美国，2000—2007年
Villa NM, Upstate New York, USA, 2000-2007

这个项目的扭曲将简单的鞋盒转变为两个独立的分层体量。一侧紧贴山坡，另一侧与地面分离，在下面留出一个带顶棚的停车位。通过引入从地板到墙壁、从外部屋顶到墙壁的扭曲的规则表面来实现体量的切分。体量过渡由一组5片平行的墙体产生，这些墙体沿水平方向从垂直轴旋转到水平轴。墙体变成地面，地面变成墙体。遵循这种变化规则的表面在建筑物中重复5次。这种累积效应是一个动态的过渡空间，在更多功能性的体量限制之间建立新的连接关系。

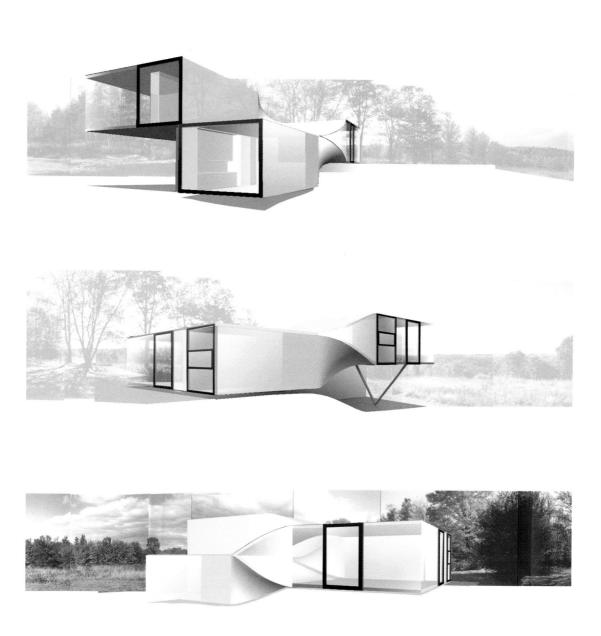

从北部、东南部和西部看建筑

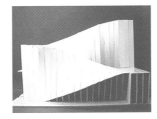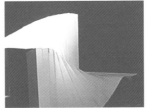

组合扭曲

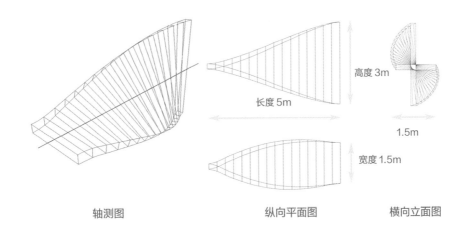

轴测图   纵向平面图   横向立面图

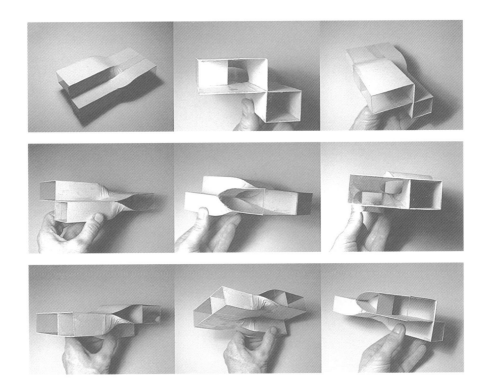

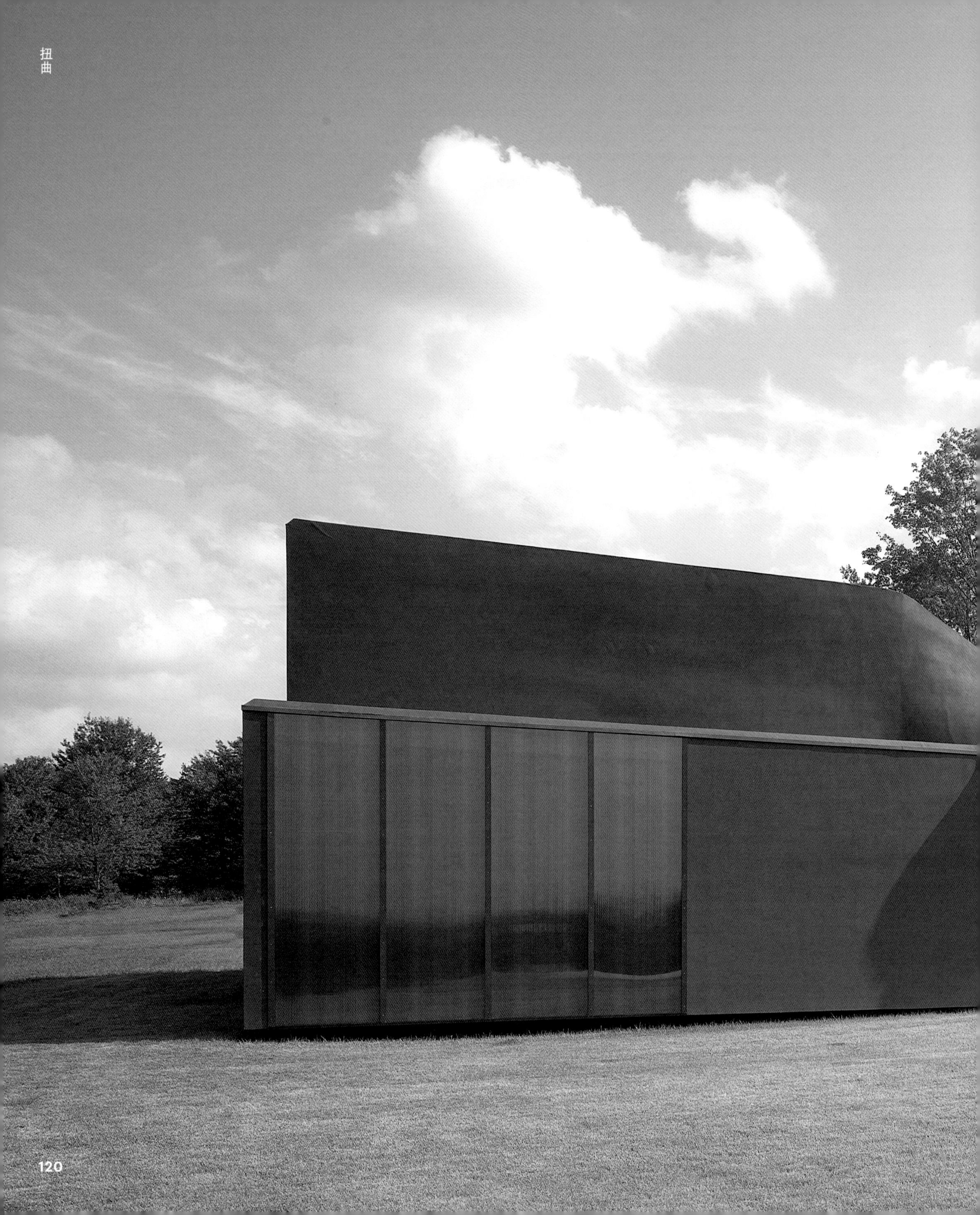

梅赛德斯-奔驰博物馆，斯图加特，德国，2001—2006年
Mercedes-Benz Museum, Stuttgart, Germany, 2001-2006

　　梅赛德斯-奔驰博物馆的扭转旨在整合基础设施、组织和承重等功能。在博物馆中，扭曲是一个重复的变形元素，起源于固定在建筑物中心的核心并向外延伸到立面的箱梁。作为关键承重结构，这些扭转构件的介入使得跨越100ft（约30m）的无柱展览空间成为可能。实际的扭曲发生在"品牌故事"展区：吊顶变成墙壁同时绕过一个角落并连接到相邻的展厅。每个扭曲的顶部表面用作不同高度之间的循环坡道，在交错的展厅平台之间提供无缝连接。这些坡道在体验上的作用是使游客从上方进入展览空间的时候可以拥有一个俯瞰的全局视野和展示。

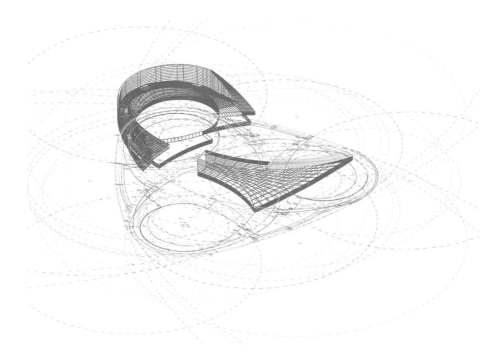

原始模型定位扭曲立体图

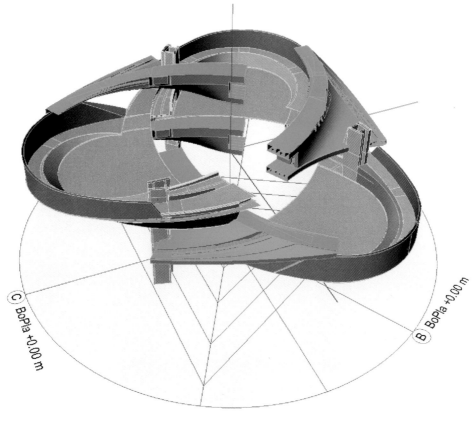

扭曲和重复元素

扭曲

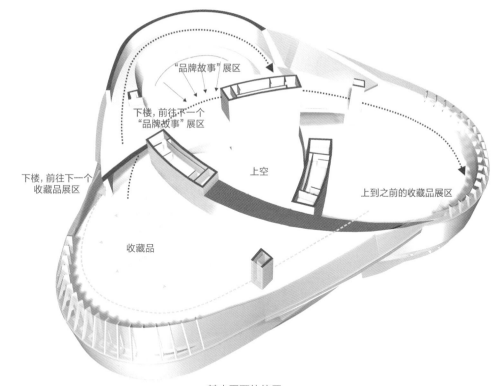

"品牌故事"展区

下楼,前往下一个
"品牌故事"展区

上空

下楼,前往下一个
收藏品展区

上到之前的收藏品展区

收藏品

基本平面的使用

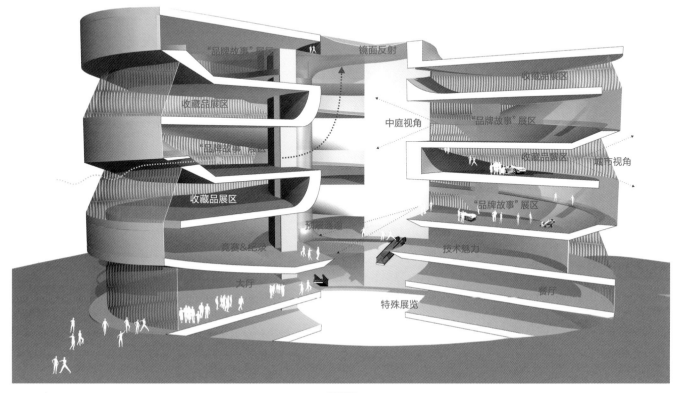

"品牌故事"展区　　镜面反射

收藏品展区

收藏品展区

"品牌故事"展区

中庭视角

"品牌故事"展区

收藏品展区　　城市视角

收藏品展区

"品牌故事"展区

竞赛&纪录

技术魅力

预

大厅

特殊展览

餐厅

剖透视

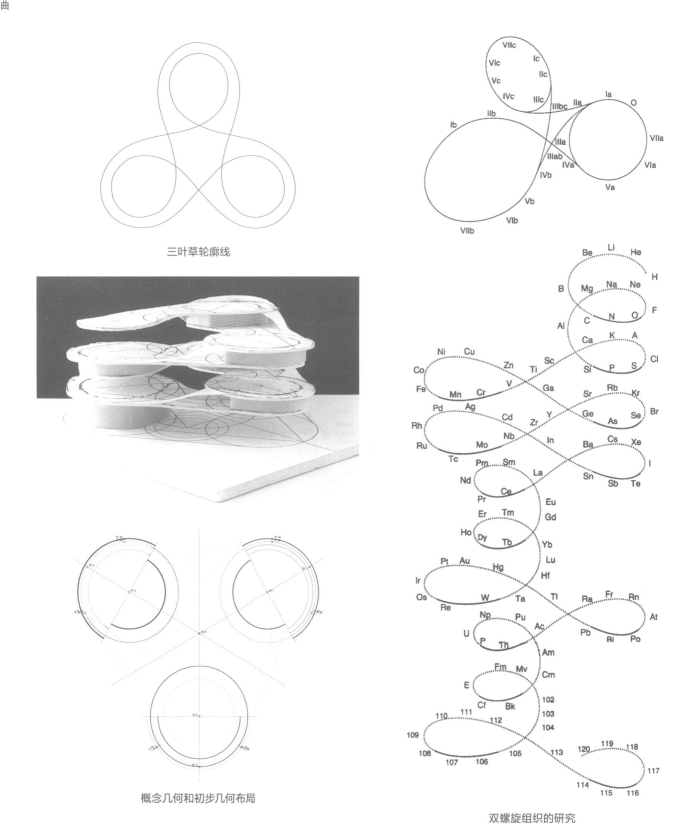

三叶草轮廓线

概念几何和初步几何布局

双螺旋组织的研究

来福士广场，杭州，中国，2008—2017年
Raffles City, Hangzhou, China, 2008–2017

　　来福士广场的扭曲模拟了其复合功能的规划与城市景观之间的动态关系。该项目具有真正的城市尺度，这种明确的扭曲形态可以通过裙房的人体尺度到塔楼的全球尺度来解读。这意味着扭曲不仅仅是沿着塔的高度方向发生，而是在整个形态中逐渐展开。这种方法在两座塔楼之间产生了隐秘而复杂的联系。这两座塔楼的平缓旋转使得彼此之间的视线隐私得到了保护，同时给城市环境和景观提供了独特视角。整个项目中这种复杂的力量博弈，意味着来福士广场的扭曲形态是一种吸收和激活广泛的不同范围内问题和雄心的载体，这样做放大了将裙房和塔楼作为一种建筑类型的讨论。

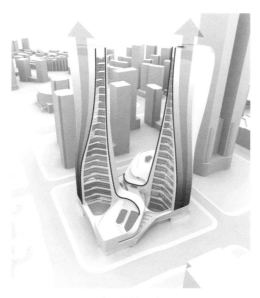

立面设计理念

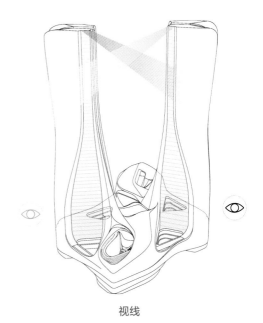

视线

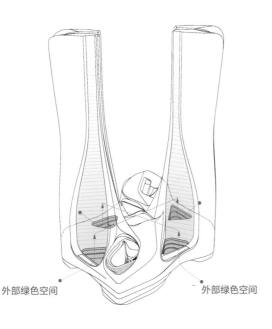

外部绿色空间　　　　　　　　外部绿色空间

绿色连接

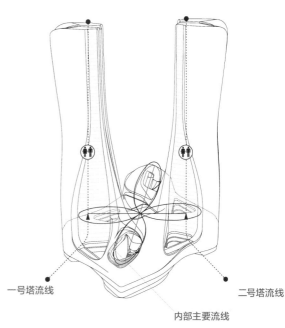

一号塔流线　　　　　　　　　二号塔流线

内部主要流线

内部流线

公共建筑

　　作为社交活动的平台和促进者，"公共建筑"的设计表明，建筑可以在支持新的和多样化的社区形式中发挥指挥性作用。这种指挥性不应该与天真地想要对可能发生的社会交互进行控制的愿望相混淆。相反，公共建筑暗示建筑学可以在前台和背景之间转换，以便梳理设计问题中潜在的社会可能性。

　　公共建筑本质上是跨尺度的，从公共广场到家具。在所有规模上，公共建筑都试图放大和支持今天人们沟通的各种方式。在大尺度上，公共广场、中庭空间和入口都是可以在私密和公共之间进行协调的空间类型。在这种尺度下，考虑人们如何停留、交谈和相互观察，使得空间能够与使用强度相匹配。此外，可以将公共建筑视为在城市的外部和内部生活之间建立连续性的临界点。从被动的背景到积极的前景，诸如多媒体表皮之类的建筑立面可以影响聚集的空间，并充当沟通和互动的发起者。在人体尺度上，公共建筑重新思考家具的作用，它不是孤立的个人空间，而是具有社会属性的空间。

　　通过这些形式，公共建筑提供的不仅是特定的将地域特征与社会体验联系起来的机会。这是建筑学的一种让步，并在组织方式、推进和赋能上找到一种媒介。

身份

　　将建筑物、设备或每一件家具融入其环境的社会文化结构中是开发公共建筑的核心过程。在这样做的时候，公共建筑希望创建使用者可以认同的地方，以创建一种根植于当地文化的建筑意象。

伊拉斯谟大桥，鹿特丹，荷兰，1990—1996年
Erasmus Bridge, Rotterdam, The Netherlands, 1990–1996
　　伊拉斯谟大桥是鹿特丹两个地区之间的地理连接，是从鹿特丹市中心到南部新区的概念上的联系。该桥被设计为一个连接器和通信器，象征着鹿特丹的两部分成为一个整体。自1996年建成以来，这座桥已成为城市特色的一部分，并牢牢扎根于当地人的心中。多年来，这座桥作为公共活动空间来使用，举办航展、DJ表演和舞蹈活动，并于2010年用于环法自行车赛的开幕式。

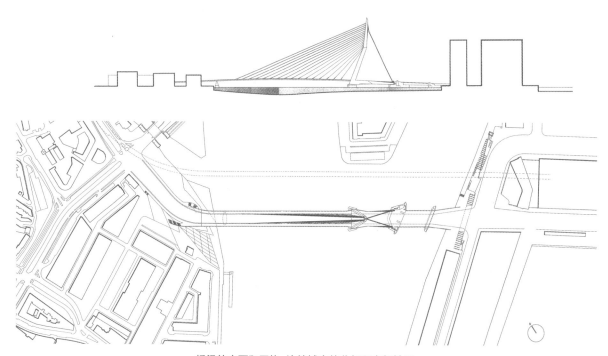

桥梁的立面和区位,连接城市的北部和南部地区

132

日本国家体育场，东京，日本，2012年
National Stadium Japan, Tokyo, Japan, 2012

　　高高架起的公共露台突出了日本国家体育场的外观，延伸出一个公共广场，这个广场将建筑与当地的城市肌理联系起来。可通过的外部广场进一步将建筑物锚固在这片公共区域内。在闲置期或大型音乐会和大型活动期间，草坪可以通过长长的坡道卷起收纳到公共区域内的外部苗圃场地中，将体育场作为日本人的公共财富。

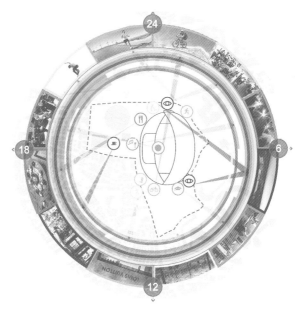

24小时活动周期

指标

第三层　楼层+32m　3　观众席　　　　　35000m²
　　　　楼层+28m　7　体育促进功能　　10000m²
　　　　楼层+22m　7　体育促进功能　　11000m²

第二层　楼层+16m　5　招待功能　　　　25000m²
　　　　楼层+12m　3　观众功能　　　　35000m²

第一层　楼层+8m　　3　观众席　　　　　41000m²
　　　　楼层+4m　　2　体育相关功能　　15000m²
　　　　楼层+0　　　1　运动功能　　　　32000m²
　　　　　　　　　　4　媒体功能　　　　4000m²
　　　　　　　　　　6　灾害和安全功能　1000m²
　　　　　　　　　　8　维护/管理功能　 35000m²

停车层　楼层 −5m　 9　运动功能　　　　46000 m²

功能

逃生路线
高架集市（BA）
主要通道

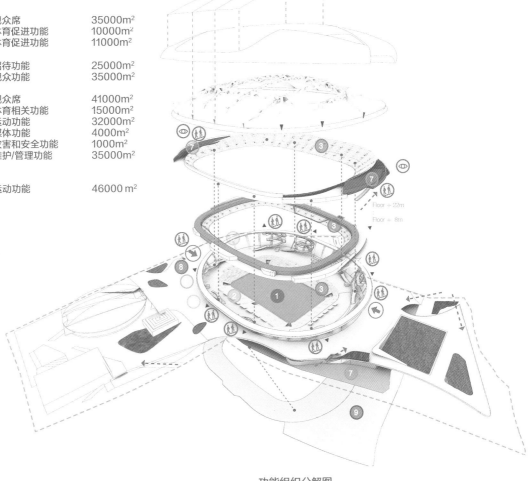

功能组织分解图

135

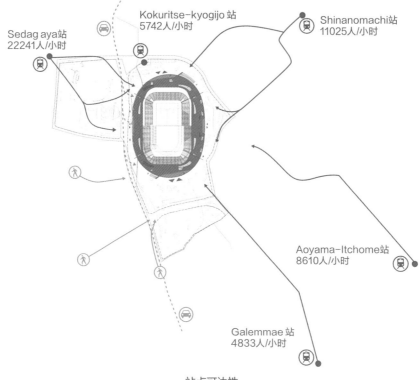

Kokuritse-kyogijo 站
5742人/小时

Sedag aya站
22241人/小时

Shinanomachi站
11025人/小时

Aoyama-Itchome站
8610人/小时

Galemmae 站
4833人/小时

站点可达性

欧洲学校，斯特拉斯堡，法国，2011年
European School, Strasbourg, France, 2011

　　欧洲学校融入一个参考布鲁塞尔其他欧洲机构的公共广场网络中。这种公共建筑与这些机构相匹配，并在学校内部以不同的规模发展。公共庭院在空间上将学校的三个不同部分联系在一起，同时每个部分都围绕着自己的内部庭院被组织起来。庭院承担起了公共场所交流和沟通的功能，并成为标志性空间场所。

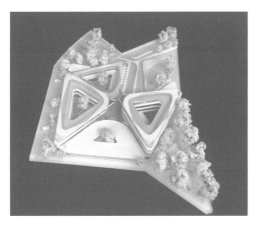
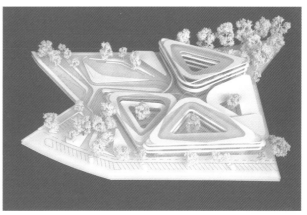

相互作用

空间本身可以促进交流和互动的思想构成了UNStudio设计方法的核心动力。在社会性设计中，公共建筑是一种工具，用于产生维持和实现多种形式的社会体验。

SitTable, PROOFF品牌产品, 2010年
SitTable, PROOFF, 2010

SitTable被设计为社交的催化剂，可以作为办公空间的公共广场以便交流和互动。作为桌面和椅子的混合体，SitTable鼓励通过接近和相互包容进行非正式的聚会和交流。额外座位安排的可能性进一步促进了不同的亲密程度和公众互动。

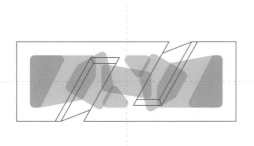

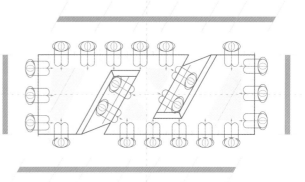

激活模式 座位选择

工作室系列，OFFECCT，蒂布鲁，瑞典，2012年
Studio Series, OFFECCT, Tibro, Sweden, 2012
　　工作室系列的设计在公共空间中创造了非线性体验。不同的构造鼓励各种社会行为和互动。为公共空间设计家具需要重新思考公共空间的本质，就像我们坐着时会影响我们的体验和与环境的互动一样。

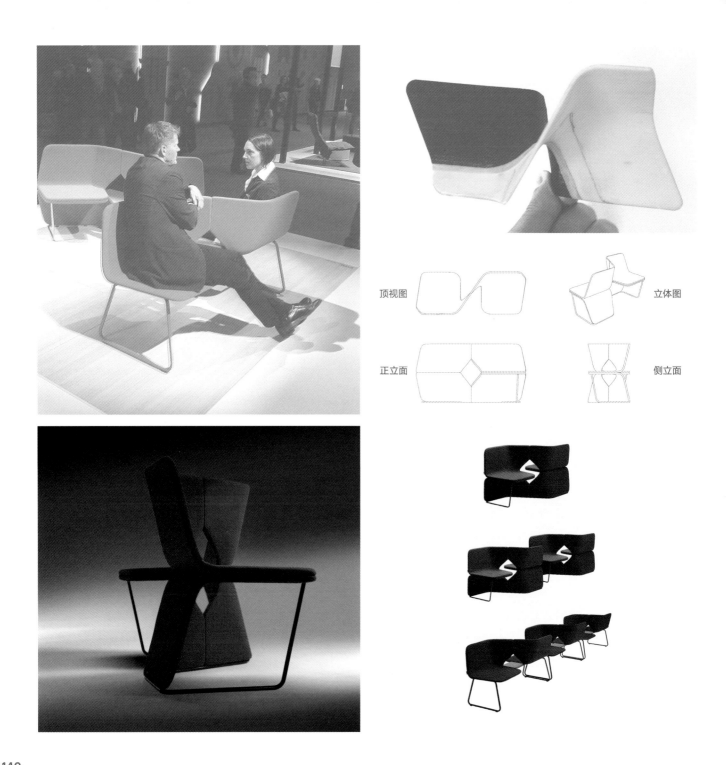

顶视图　　　　　　　　　　立体图

正立面　　　　　　　　　　侧立面

内置剧场，波蒂库斯，美因河畔的法兰克福，德国，2007年
Theatre of Immanence, Portikus, Frankfurt am Main, Germany, 2007

　　剧场可以被视为公众互动和表演的象征。内置剧场装置是UNStudio和Städelschule建筑组织之间的一个联合项目，旨在研究当代条件下的社会互动和交流。作为画廊和剧场的混合体，这种空间装置的结构鼓励人与建筑、展示和表演之间的最感性的互动。

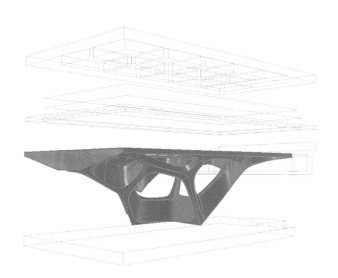

樟宜机场综合体，新加坡，2012年
Changi Airport Complex, Singapore, 2012

当代机场不断扩充的需求是通过融合自然和购物中心的综合体来实现的。在这样做的过程中，新的樟宜机场综合体成了一个景点，也成为新加坡市民一个有吸引力的目的地。这个新的结构内可容纳餐饮和饮料区、花园活动、零售区、休息室，以及电影院和电影主题景区。公共花园是设计中的活力线，为整个机场的其他活动增添色彩。花园景观是集休闲、娱乐、静思和享受于一体的令人耳目一新的空间。对花园的重视不仅是功能性建筑的绿色包装，也是其组织逻辑的一个组成部分。

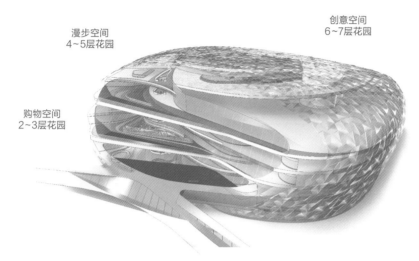

漫步空间
4~5层花园

创意空间
6~7层花园

购物空间
2~3层花园

连接

就像平面孔洞或城市螺旋一样，公共空间可以通过联系功能、空间和人的某些特定的组织原则被放大。例如城市内部可以将建筑物编织到现有公共空间的网络中。可渗透的开放空间系统允许社会观念在建筑中流淌，鼓励互动和沟通。

永嘉世贸中心，温州，中国，2013年
Yongjia World Trade Centre, Wenzhou, China, 2013

就像托盘上的物体一样，永嘉世贸中心的塔楼被设置在一个植被茂盛的公园内，该公园承担起文化和商业项目的使命，这反过来又将景观编织进城市肌理之中。这个连续的公共景观被垂直吸收进塔楼之中。该策略允许游客和居民在塔楼的整体形态内分组定义独特的空间身份，分散在住宅和办公室功能中的公共和交流空间在立面上清晰可见。

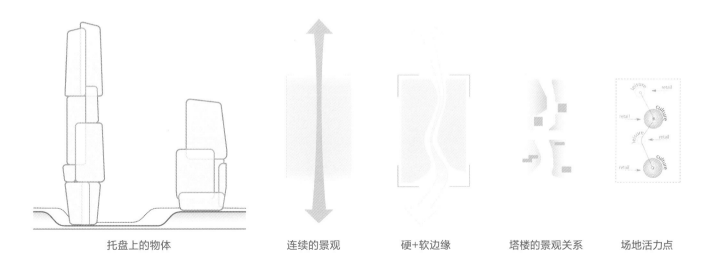

托盘上的物体 连续的景观 硬+软边缘 塔楼的景观关系 场地活力点

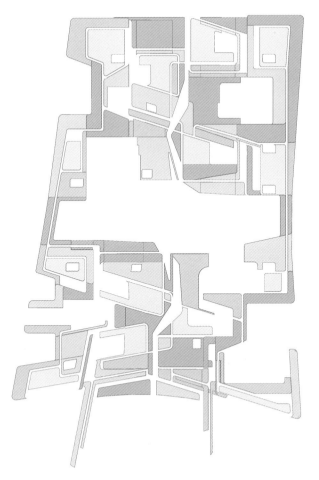

绿地

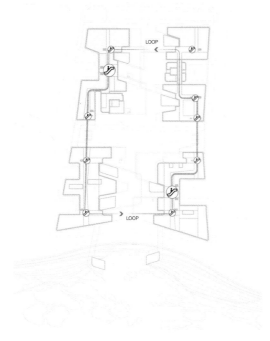

商业大流线闭环

商业小流线闭环

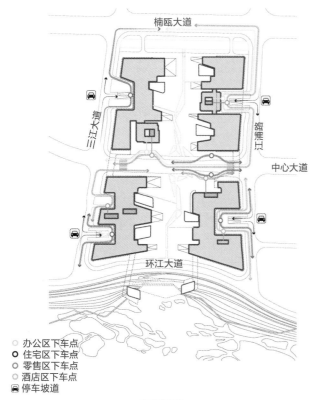

○ 办公区下车点
● 住宅区下车点
○ 零售区下车点
○ 酒店区下车点
🚗 停车坡道

车辆通道

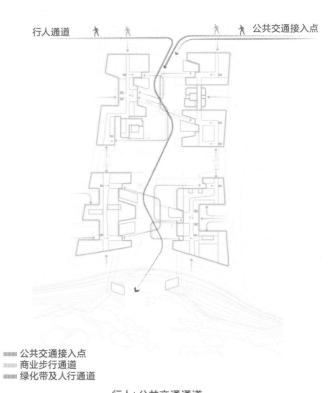

▦ 公共交通接入点
▦ 商业步行通道
▦ 绿化带及人行通道

行人+公共交通通道

公共建筑暗示建筑学

可以在前台和背景之间转

换，以便梳理这一问题中

潜在的社会可能性。

三座博物馆和一个广场，广州，中国，2013年
Three Museums One Square, Guangzhou, China, 2013

一个植被丰富、高度网络化的公共广场将三个博物馆整合成一个文化单元。建筑物周围的公共景观使其人们更容易从四面八方进入。公共流线将每座博物馆的城市、广场和室内联系起来。将城市外部空间延伸到每栋建筑内部的结果，是将三座博物馆融入公共场所的网络中来。

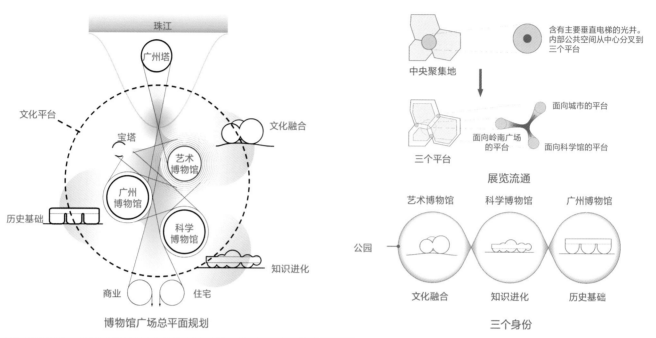

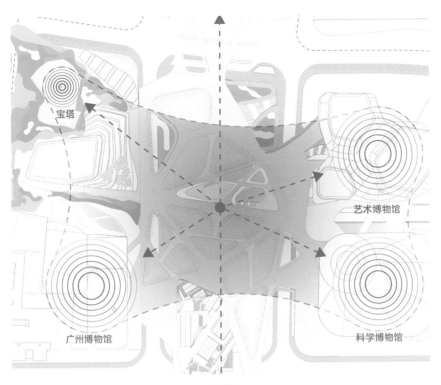

宝塔

艺术博物馆

广州博物馆

科学博物馆

连通性

世界园艺博览会展馆，青岛，中国，2011—2014年
World Horticultural Expo Pavilion, Qingdao, China, 2011-2014

世界园艺博览会展馆是希望通过穿越公园的各种路径，最终形成一个类似节点的中心点，融入世博园区的大背景中来。构成该设计的四座建筑物围绕着一个大型中央广场布局，该广场由不同路线汇聚的游客流线形成。应用于外墙并呈现在景观植被中的色彩同时起到了导向和标识的作用。

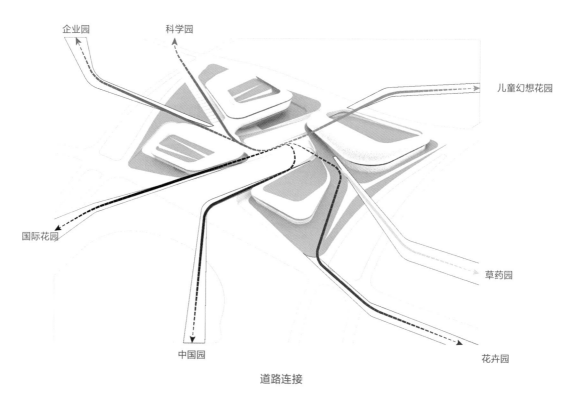

道路连接

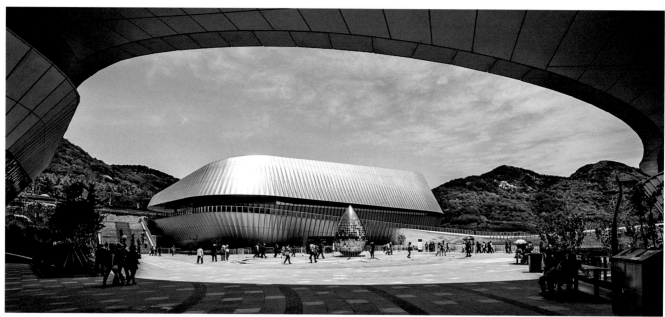

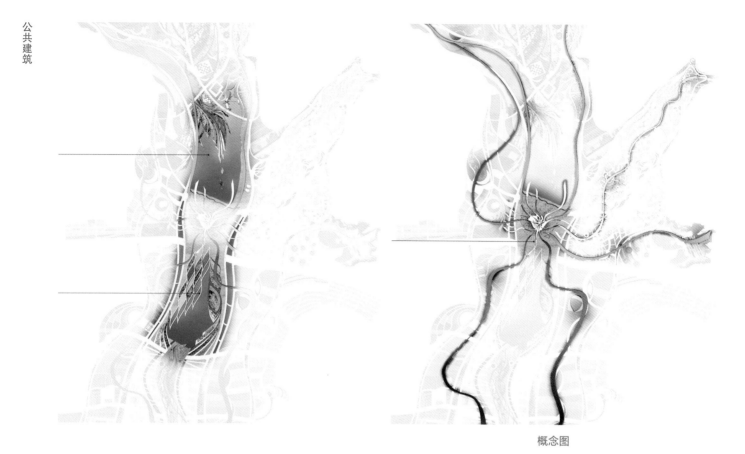

概念图

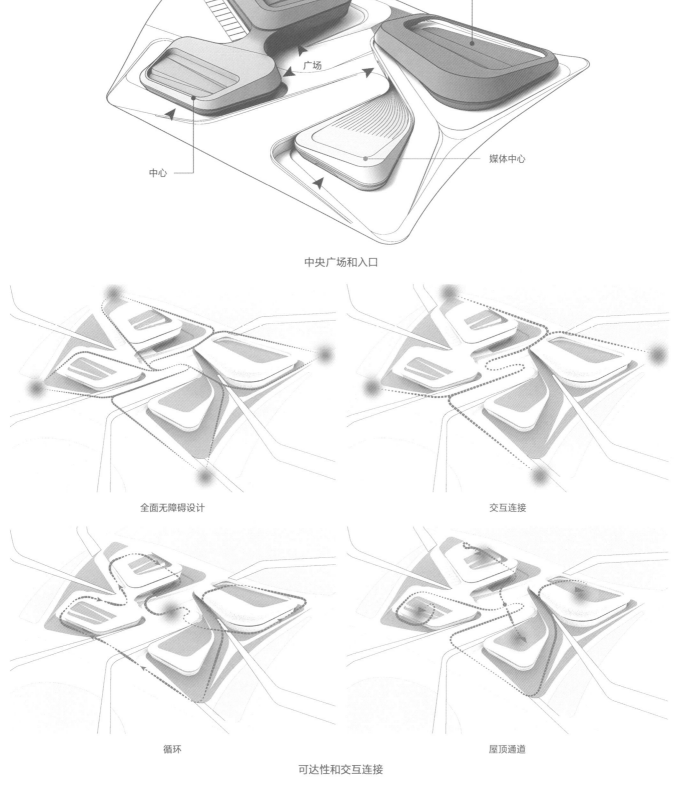

剧院

世博馆

广场

中心

媒体中心

中央广场和入口

全面无障碍设计

交互连接

循环

屋顶通道

可达性和交互连接

瓦尔霍夫博物馆（改建），奈梅根，荷兰，2013年至今
Valkhof Museum (remodel), Nijmegen, The Netherlands, 2013 to present

瓦尔霍夫博物馆的翻新重新定义了博物馆与城市文化和社会结构的联系。中央楼梯作为博物馆内中心广场的原本角色得到了扩展和加强。博物馆内的所有公共和商业项目将围绕中央楼梯脚下的中央会议厅进行组织。通过将所有公共功能移动到建筑物的前面（在售票之前）并将它们直面博物馆前的公共广场，内部和外部公共空间产生了更密切的对话。这种改建让更多的休闲游客在博物馆感受到宾至如归，因此增加了对广泛受众的吸引力。

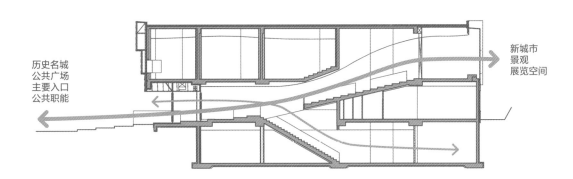

历史名城
公共广场
主要入口
公共职能

新城市
景观
展览空间

伦敦梅德尔桥，九榆树-皮姆利科，伦敦，英国，2015年
London Meander Bridge, Nine Elms-Pimlico, London, UK, 2015

　　行人可沿着伦敦梅德尔桥的楼梯上上下下，进入皮姆利科一侧的新社区广场，进入南岸九榆树一个充满活力的新公共空间。通过这样的设计，桥梁为行人建立了新的目的地。 在历史悠久的皮姆利科花园的北侧，保留了成熟的梧桐树和供社区使用的草地，保持了绿色的休憩和放松区域。 此外，自行车道和人行天桥的建成为在现有船屋活动附近建立新社区广场提供了机会。在与河边步道相邻的自行车道的弯道上，南岸建成了一个新的手工艺自行车中心和一座咖啡馆，让行人可以更好地享受河边景色。

音乐厅，格拉茨，奥地利，1998—2008年
Music Theatre, Graz, Austria, 1998-2008

这座教学楼既是音乐学生的学习场所，也是一个公共剧院。这两类人群的需求导致要在私人环境中引入公共建筑。因此，这个机构被一分为二：基于单元的部分（盒子）和基于活动的部分（连接区）。形成这两个组件之间过渡的大型扭曲结构融合了建筑内的私人生活和公共生活，灵活的空间带来了双重的功能。这里有两个入口：学生和工作人员使用的公园一侧的日常入口，以及利希滕费尔斯（Lichtenfelsgasse）大街一侧的公共入口（供观众在观看表演时使用）。在表演之夜，学生入口被改造成使用移动壁橱的衣帽间，而可拆卸的票务柜台则放置在主楼梯下方。公众登上这个宽阔的楼梯到达一层的大门厅，这里为进入多功能礼堂之前提供休息和聚集的场所。

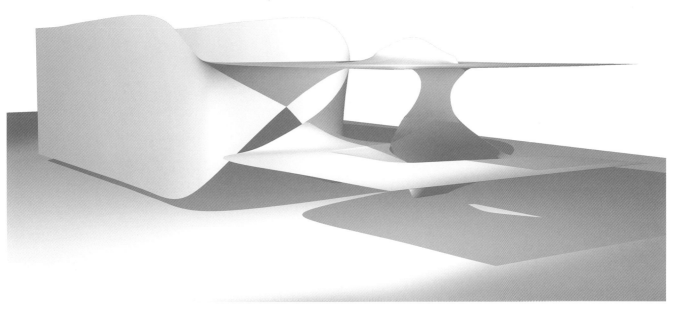

盒子结构之间的连接区

公共入口设有可移动票务柜台

控制的中庭

设计中庭是建筑创新最持久的知识工具之一，同时具有历史分析和未来可能性的双重潜力。在设计文化中，总是优先考虑加法策略并强调建筑物的轮廓，"中庭"提供了一个有力的代替方案，它可以对大量堆叠的楼板进行部分切割和去除，暗示出一种带来新的社交互动形式和更高水平的智力交流。

建筑师管理中庭潜力的方法可以产生许多不同的表现力效果。一方面，中庭可以起到自我解释的作用，使建筑的组织形式更加透明。另一方面，它可以产生壮观和不可思议的空间和现实效果。在具有大进深的建筑物中，自我诠释或"智能"的中庭显得尤为重要。中庭作为建筑功能的中间转译者，是一种将自己定位在建筑组织逻辑中的手段，也是一种缓解楼板机械枯燥状态的积极空间。超越中庭的理性潜力在于，它可以创造高品质的无尺度和无限延展的空间体验。

这种对中庭的控制提供了广泛的经验，它意味着设计不仅取决于一个，而是许多个瞬间图像的累加。在许多建筑表现被限制在立面表皮的情况下，中庭独特的解析度提供了一种可以更持久地影响建筑的方式。通过有目的地引入中庭，可以挑战建筑楼板独立的使用方式和垂直异质空间的不连续堆积的方法。最终，我们的作品中最强大的中庭表现出楼板、系统组织和负空间之间复杂的一致性，此时，其作为智能和精妙的知识工具的潜力成为焦点。

离心

　　由直线中庭切割出的楼板可能看起来与之前的楼板并没有什么联系，但是由离心逻辑生成的楼板更加耐人寻味，彼此分开，但仍联系在一起。它的转变向我们展示了中庭的细腻但仍然复杂的一面：它向我们敞开的同时也向我们隐藏着一部分。它告诉我们，局部展露的效果可能比完全透明更具吸引力。

加莱里亚中心城，天安，韩国，2008—2010年
Galleria Centercity, Cheonan, Korea, 2008-2010

　　加莱里亚中心城商业购物中心的圆形中庭空间呈现出一种重叠积累的特征，层层叠叠的平台，通过在吊顶中引入缠绕带状的照明来强化其韵律。该中庭空间在某些剖面上看是简单而直接的，但在相对的横截面中呈现倾斜的锯齿状。一个相对狭窄的中部空间从顶部到底部穿越建筑，从中心向四周散发出较小的空间。四个集中的功能集群中，每个集群包含三层及公共平台，与中庭空间相关联。平台提供了在中央空间内观察和聚集的空间，并使视线能够看到外部。它们的平台旋转分布，创造一个有助于寻找路径、垂直循环和导向的中庭空间。

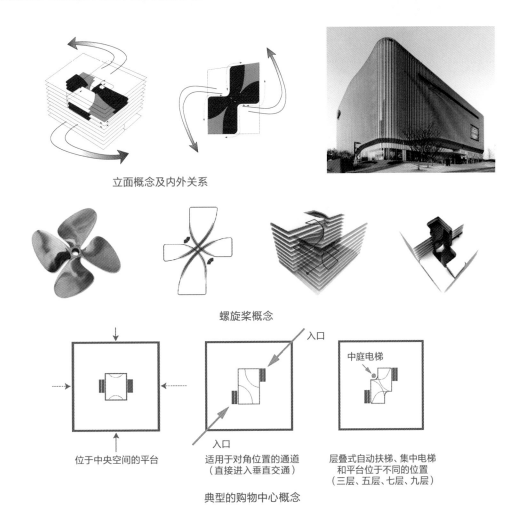

立面概念及内外关系

螺旋桨概念

位于中央空间的平台

入口
适用于对角位置的通道
（直接进入垂直交通）
入口

中庭电梯
层叠式自动扶梯、集中电梯
和平台位于不同的位置
（三层、五层、七层、九层）

典型的购物中心概念

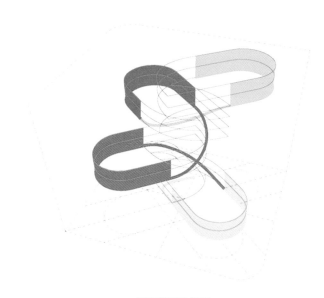

垂直堆叠功能图

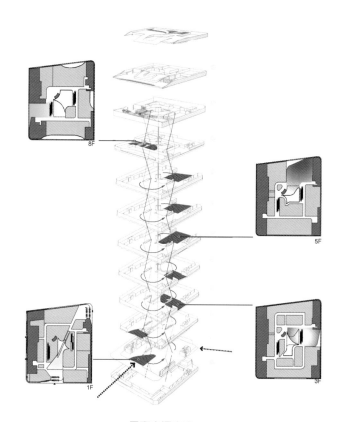

垂直交通方案

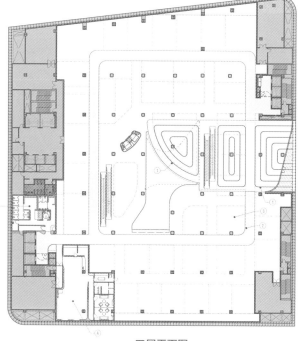

三层平面图

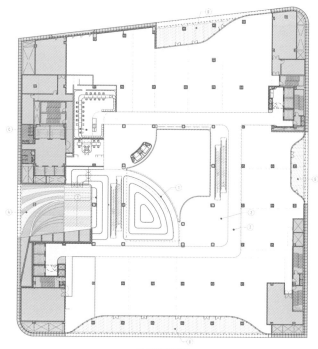

八层平面图

梦想之家，柏林，德国，1996年
Dream House, Berlin, Germany, 1996

梦想之家的设计说明探讨了空间作为一种起连接作用的离心装置的可能性。房子的核心不是楼梯，而是中空的内庭。对角布置并逐渐消退的中空内庭呈现了内部空间的平滑过渡。楼板被设计成波浪形而不是简单的二维平面，因此形成了一种平面无限延伸的感觉，光线也因空间的流转而充斥了整个建筑。

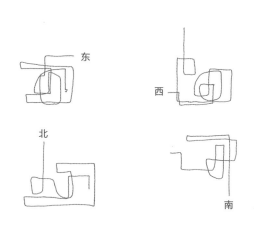

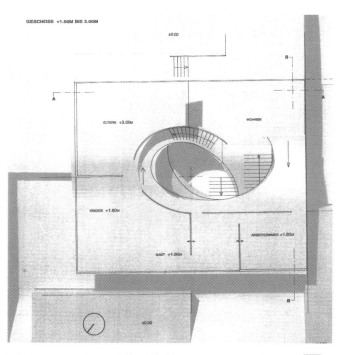

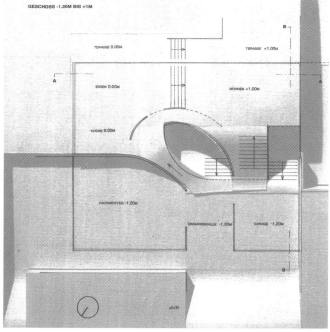

来福士广场，杭州，中国，2008—2016年
Raffles City, Hangzhou, China, 2008-2016

在杭州来福士这个综合体项目中，一座120000m²的商业裙房被一条循环路线激活，该路线串联了外部、裙楼和塔楼。在这里，不同的塔楼功能通过相互连接的中庭系统在不同的楼层上与零售功能连接。中央扭曲的垂直中庭空间提供日光和自然通风，而另外两个对角布置的中庭空间连通底座，并横贯至两侧的裙楼。

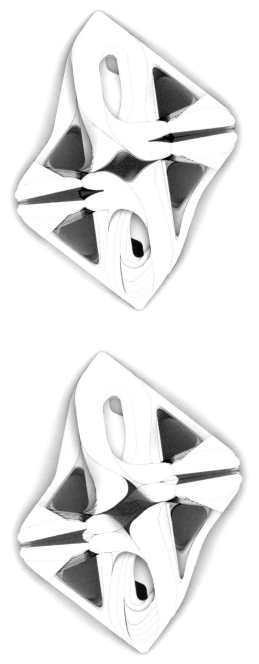

中空内庭的顶视图

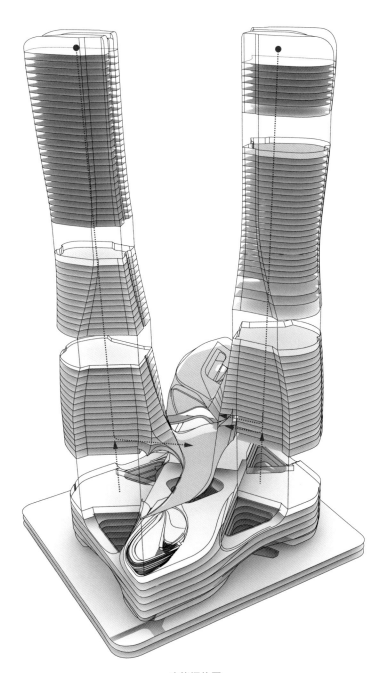

功能爆炸图

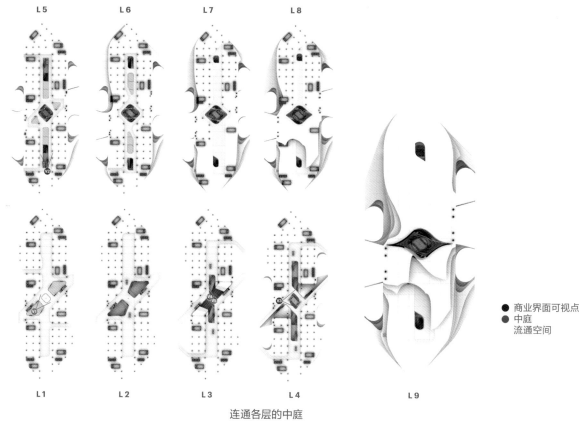

L 5   L 6   L 7   L 8

L 1   L 2   L 3   L 4   L 9

● 商业界面可视点
● 中庭
  流通空间

连通各层的中庭

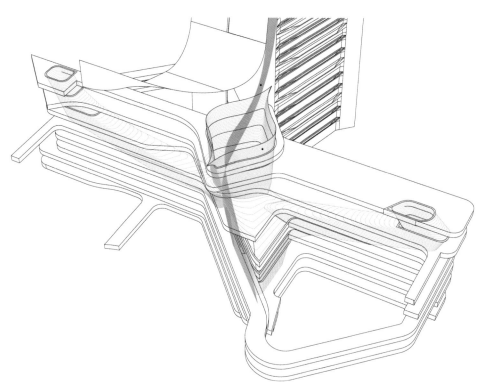

中庭空间结构及与高层的连接

控制的中庭

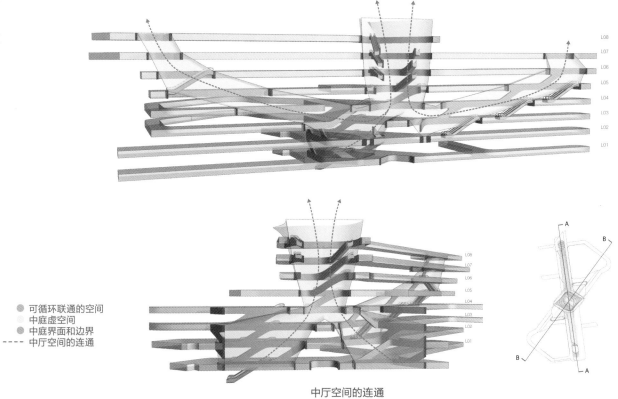

L08
L07
L06
L05
L04
L03
L02
L01

● 可循环联通的空间
● 中庭虚空间
● 中庭界面和边界
---- 中厅空间的连通

中厅空间的连通

星空广场，台湾高雄，中国，2006—2008年
Star Place, Kaohsiung, Taiwan, China, 2006-2008
　　这个12层的通高空间就隐藏在立面表皮之后，而不是在建筑物内部的深处，它与外部建立了独特的对话。中庭形成建筑物内的主要连接体，三个全景电梯和两组自动扶梯形成垂直交通。星空广场中庭其实是由一个笔直的圆形开口组成，但看起来却是倾斜和扭曲的。这种特殊的视觉效果是通过自动扶梯在中庭内的精确定位而产生的，在每个楼层，自动扶梯的位置旋转10°，从地面到屋顶共旋转了110°。

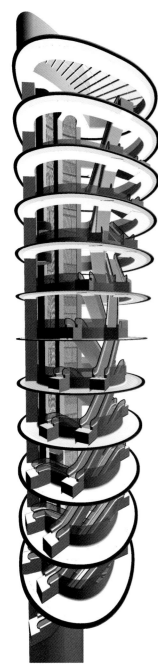

室内空间流线

最强大的中庭空间表现出楼板、系统组织和负空间之间复杂的一致性。

汉街万达广场，武汉，中国，2011—2013年
Hanjie Wanda Square, Wuhan, China, 2011-2013

　　这个购物广场的两个中庭的设计源自相同的形式和组织语言，但使用了不同的材料。北中庭代表了文化和传统，而南部中庭则具有现代色彩。它们平衡的关系表明了传统与现代之间存在新旧共存的可能性。两个中庭顶部都有天窗，天窗为大型漏斗形状，其结构向外辐射，连接了屋顶和地板。

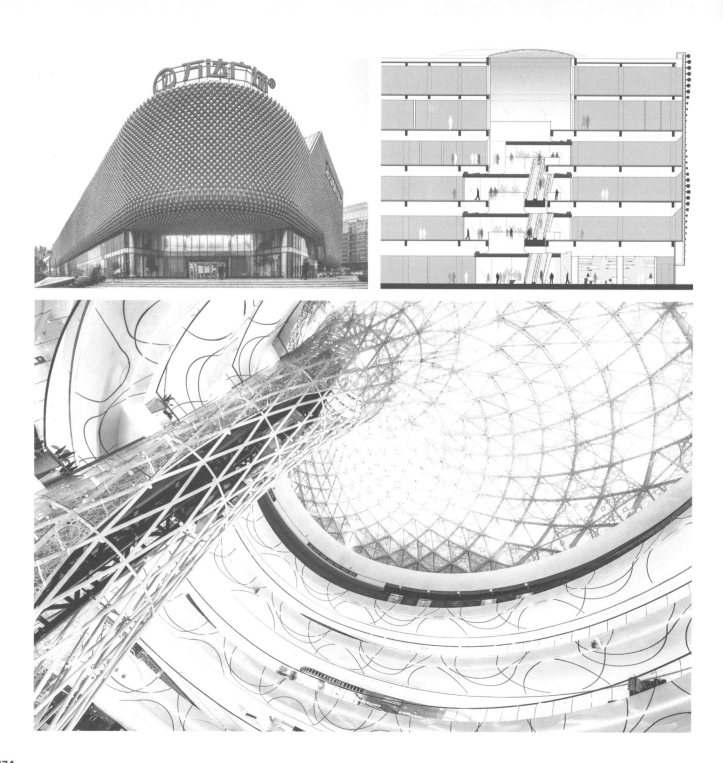

活力

中庭空间被如此定义是因为它本身充满了活力。它是吸引人们进入建筑的中间媒介。活跃的中庭空间促进了展示、视线贯通及健康的社交。它可以鼓励人们使用楼梯，或使得建筑立面更加富有生机，创造出更多的室内和室外平台活动区域。

中国美术馆，北京，中国，2010年
National Art Museum of China (NAMOC), Beijing, China, 2010

该项目由两栋建筑组成，每栋建筑均为8层，拥有一个通高的中庭空间，垂直交通分散地布置在中庭区域。博物馆的一个重点需求是提供灵活的空间布局，从私密、封闭的空间，到公共、开敞的大厅均需考虑此需求。同样，流通空间也需要灵活地组织，可以根据观众的数量进行灵活安排。虽然两个中庭巨大且复杂，但视线的连通使得整个空间变得清晰。良好的通风和引入的天光增强了中庭的生态氛围，在没有破坏中庭周边空间秩序的前提下，完成了两个空间的生态对话和组织。

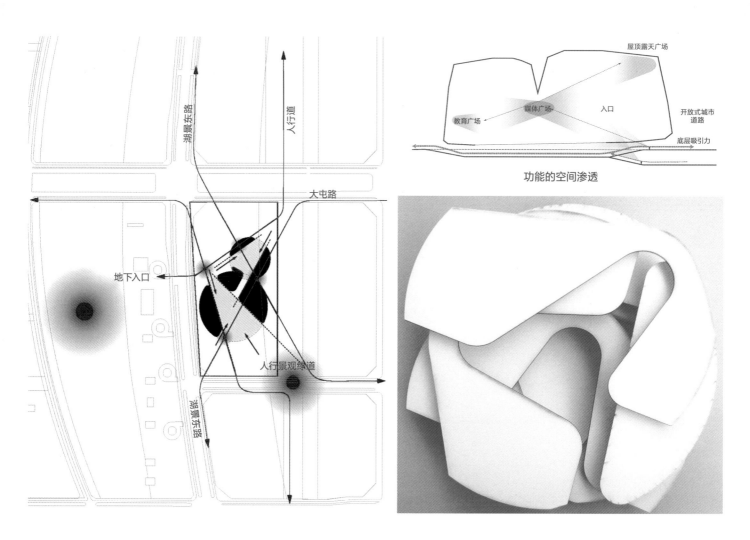

功能的空间渗透

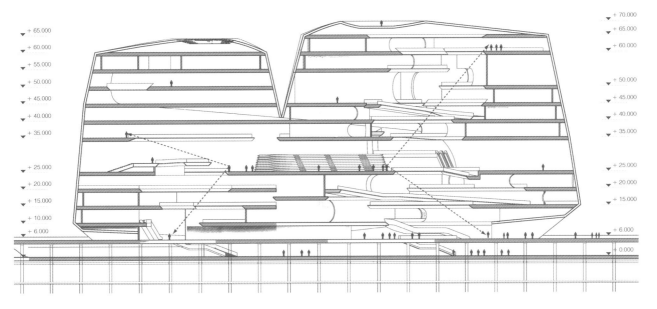

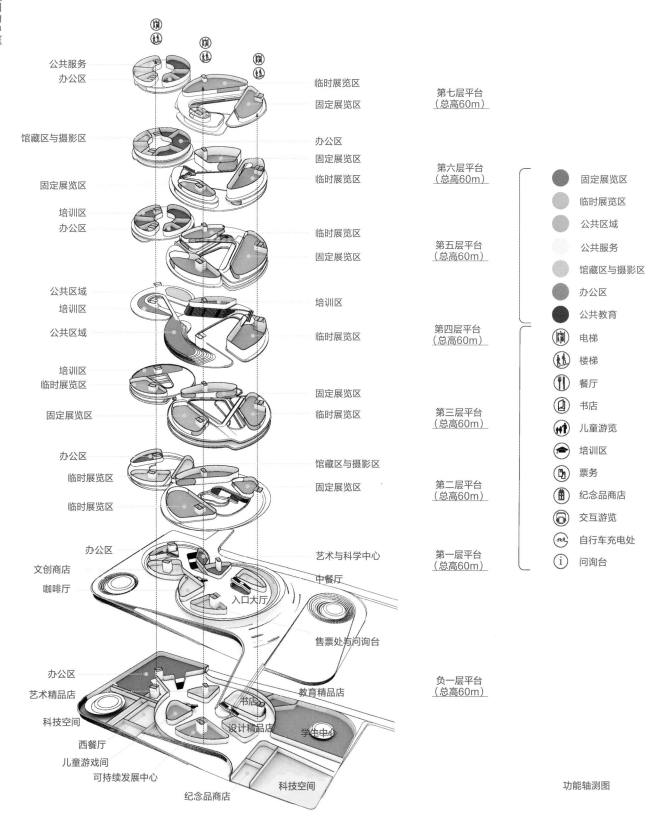

公共服务
办公区

临时展览区
固定展览区

第七层平台
（总高60m）

馆藏区与摄影区

办公区
固定展览区
临时展览区

固定展览区

第六层平台
（总高60m）

培训区
办公区

临时展览区
固定展览区

第五层平台
（总高60m）

公共区域
培训区

培训区

公共区域

临时展览区

第四层平台
（总高60m）

培训区
临时展览区

固定展览区

固定展览区

临时展览区

第三层平台
（总高60m）

办公区
临时展览区

馆藏区与摄影区

临时展览区

固定展览区

第二层平台
（总高60m）

办公区

艺术与科学中心

第一层平台
（总高60m）

文创商店

中餐厅

咖啡厅

入口大厅

售票处与问询台

办公区
艺术精品店

教育精品店

负一层平台
（总高60m）

科技空间

书店

西餐厅

设计精品店

学生中心

儿童游戏间

可持续发展中心

科技空间

纪念品商店

固定展览区
临时展览区
公共区域
公共服务
馆藏区与摄影区
办公区
公共教育

电梯
楼梯
餐厅
书店
儿童游览
培训区
票务
纪念品商店
交互游览
自行车充电处
问询台

功能轴测图

RIVM & CBG总部，乌德勒支，荷兰，2014年
RIVM & CBG Headquarters, Utrecht, The Netherlands, 2014

　　RIVM拥有强大的实验室功能，而且其配套办公区域需要与实验室部分有直接的视线贯通，因此，实验室和配套办公两个功能之间通过四条洒满天光的"中庭街道"相连接，四条中庭街道都会集在"十字路口"的中心，这里有6层高的宽敞的中央大厅。该中央大厅是大楼内部的主要交会点和公共核心，为员工提供休闲互动的机会，并可以在这里纵览整个建筑内部。在中庭街道内，连接实验室和后勤办公的连桥进一步促进了沟通。中央大厅的连通性和视觉通透性被日光所加强。此外，中心的6层通高空间作为整个建筑物的气压调节器，保证了最高楼层的空气交换和舒适度。

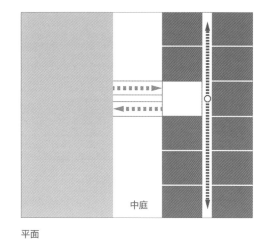

平面

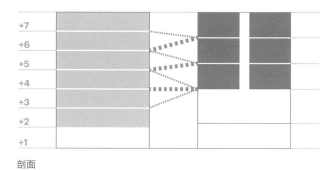

剖面

形式逻辑与功能联系

步行距离

功能可读性

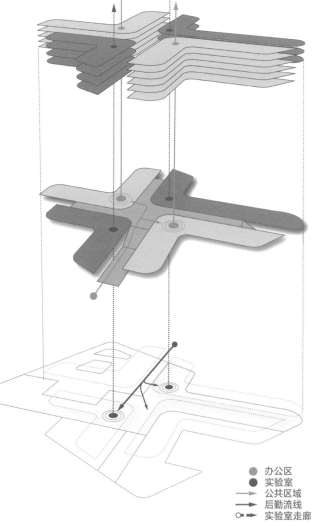

- 办公区
- 实验室
- → 公共区域
- → 后勤流线
- ⊶ 实验室走廊

ANTONIE VAN LEEUWENHOEKGEBOUW

Rijksinstituut voor Volksgezondheid
en Milieu
Ministerie van Volksgezondheid,
Welzijn en Sport
cBG
MEB

UNStudio总部，阿姆斯特丹，荷兰，2006—2009年
The UNStudio Tower, Amsterdam, The Netherlands, 2006-2009

　　UNStudio总部在垂直方向上有多个缝隙，这些缝隙嵌入建筑物的每个面并跨越不同数量的楼层，形成了内外关系，将塔形建筑的表面转变为活性介质，显著影响内部质量。定制的彩色玻璃窗格被整合到缝隙中，为其周围的公共空间提供不同的光质。这些缝隙创造了室内和室外阳台，可以使日光穿透40m×40m的平面中。这些立面缝隙不是用作流通空间，而是为小型会议和个人反思提供空间。

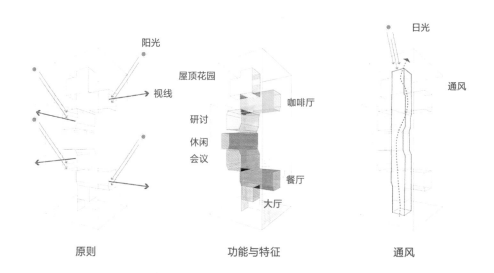

原则　　　　　　　　　功能与特征　　　　　　　　通风

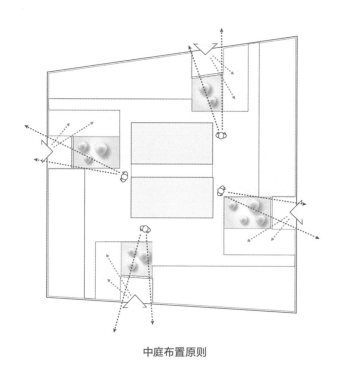

中庭布置原则

路易威登旗舰店，日本，2006年
Louis Vuitton Flagstore, Japan, 2006

该建筑包含3层主要功能，但其立面像是被一系列变化多样的错层撕扯分离而成。3层功能可通过类似核心筒的楼梯和电梯垂直连接。游客可以乘坐电梯到他们选择功能的顶部，然后使用连接各楼层的外围弯曲楼梯蜿蜒而下。这些像是梯田的区域在仿佛花园般的环境中提供混合功能，形成建筑特殊的剖面关系。螺旋形的空间、弯曲的楼梯和自动扶梯相结合，在空间中形成了特有的景观，具有强烈的标识性。

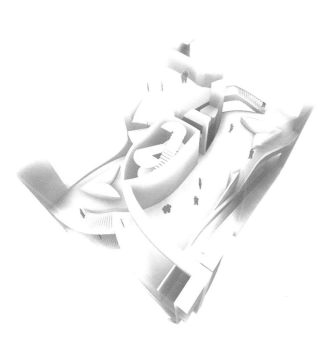

流通的商业空间：核心和外部楼梯

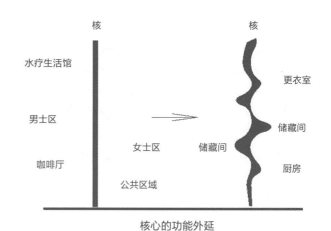

核心的功能外延

外围的楼梯连接了所有错层

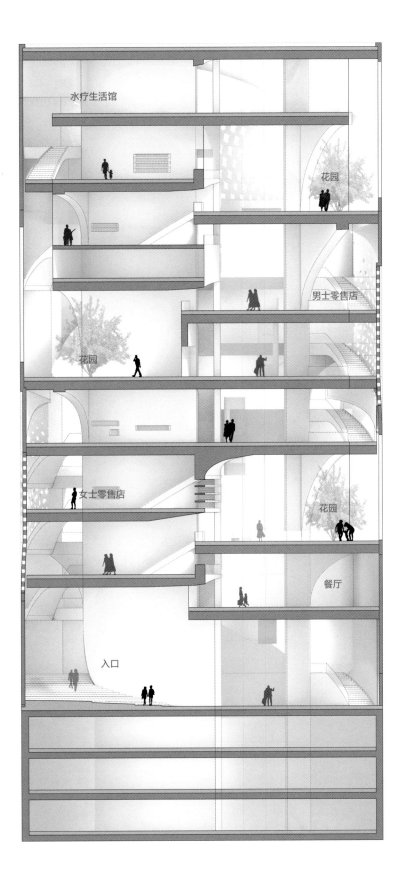

水疗生活馆

花园

男士零售店

花园

女士零售店

花园

餐厅

入口

哥伦比亚商学院，纽约，美国，2009年
Columbia Business School, New York, USA, 2009

强调空间的长期和短期灵活性推动了哥伦比亚商学院的设计方法。我们摒弃了教学和学生活动的常规空间规划，创建了一个不仅支持灵活性需求，而且将社区交流作为核心原则的建筑。在这里，学生的工作学习空间和教师办公空间由分布在一系列中庭内的独特楼梯垂直连接。在没有传统走廊的情况下，不规则的中庭在流通空间中发挥了积极作用，鼓励人们在其中偶遇与社交，其富有生机的立面也宣扬了内部活跃的空间。

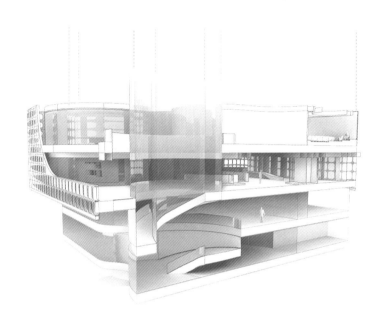

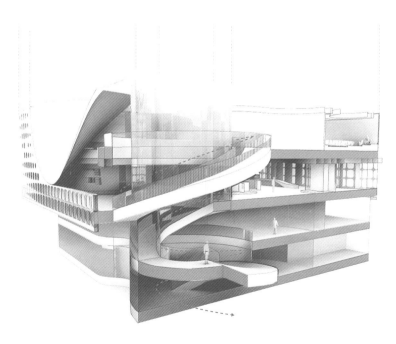

竖向连通

虚拟工程中心（ZVE），斯图加特，德国，2006—2012年
Centre for Virtual Engineering (ZVE), Stuttgart, Germany, 2006-2012

　　虚拟工程中心的所有功能都纳入到了空间组织中。我们将实验和研究功能与公共展览区域及游客的景观路线相结合。不同的工作区域分布在充满了日光的、布置了对角楼梯的垂直大中庭周边。

　　楼梯作为参观者的指引，采用了渐变颜色。通过这种方式，不仅形成了社交空间，还为访客和员工提供了特殊的界面。

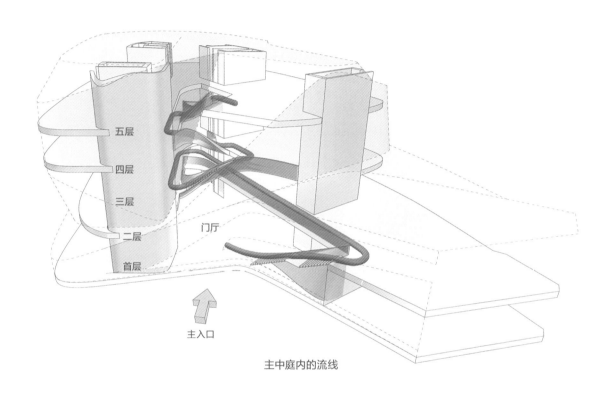

主中庭内的流线

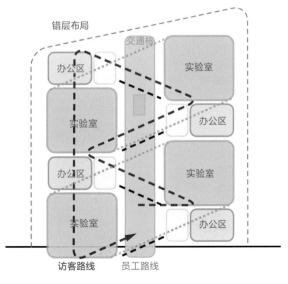

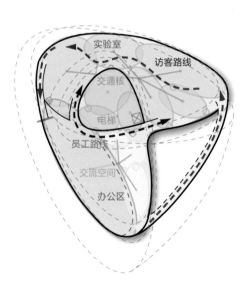

流线图

阶梯剧院，斯派克尼瑟，荷兰，2008—2014年
Theatre de Stoep, Spijkenisse, The Netherlands, 2008-2014

　　垂直门厅是本建筑的一个重要空间特征，因其与剧院的社交生活紧密相连，它"编织"了两个主要的表演空间。在这里，游客可以"看和被看"，这种体验在位于门厅上方的艺术家咖啡馆被放大，促使形成了"从观众来看表演"到"观看观众表演"的关系倒置。此外，串联3层的开敞式空间可作为空间的导向。门厅的3层功能可以用于单独的公共活动，也可以用于出租给私人举办活动。

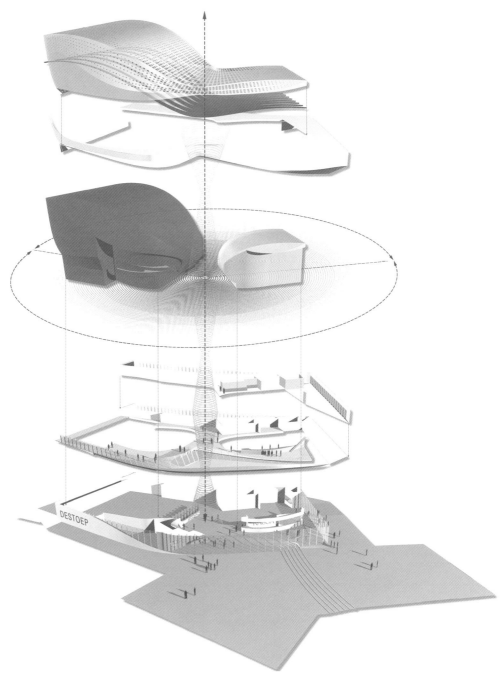

中部轴线的爆炸图

包容性

　　包容性预示着功能的多样，也就是说，在一个空间中的包容性传递出整个空间的组织、结构性、导向性和结构标准。这样做，我们预计会出现标准之间新的对话。

研究实验室，格罗宁根，荷兰，2003—2008年
Research Laboratory, Groningen, The Netherlands, 2003-2008

　　由于建筑具有保密属性，建筑的内部不可暴露在外部，因此该研究实验室的外立面是封闭的。建筑通过在内部引入两个垂直的玻璃天井来替代立面的开放性，使日光从上方进入室内。这两个透明的中庭能够作为内部立面。两个中庭是不对称圆锥形，它们彼此镜像并相反地布置。共用走道环绕着内部中庭，创造了一个清晰的组织，避免了黑暗的走廊。各个实验室位于锥体周围，可直接从共用走道进入，缩短了流线。

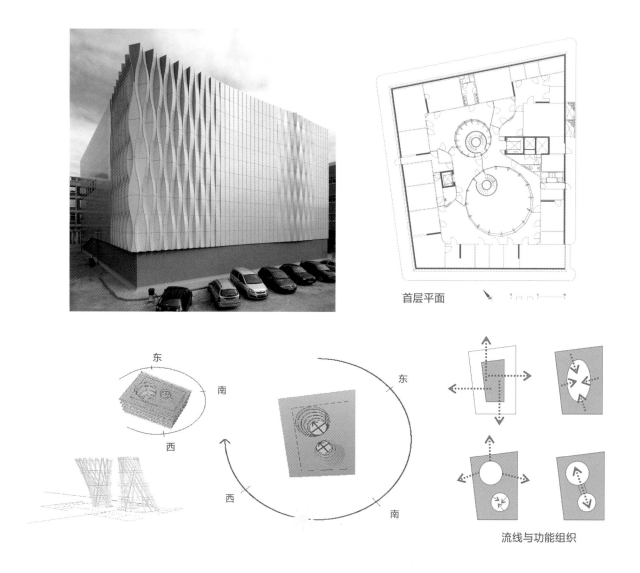

首层平面

流线与功能组织

梅赛德斯-奔驰博物馆，斯图加特，德国，2001—2006年
Mercedes-Benz Museum, Stuttgart, Germany, 2001-2006

　　梅赛德斯-奔驰博物馆的中央是一个三角形中庭：由三个圆圈重叠形成的负空间，基于三叶草形状构成整体的平面布局。展览区域被隐喻地理解为三叶草的"叶子"，围绕中庭的中央"茎"排列。该结构形成了动态空间布局，实现了视线的贯通，设置了捷径、封闭和开放空间，以及各种流线穿插和流线延续的可能性。中庭还设有电梯，可将游客带到第八层——展览的起始层，日光从上方天窗进入建筑物。天窗同时也是创新的"龙卷风"排烟系统。

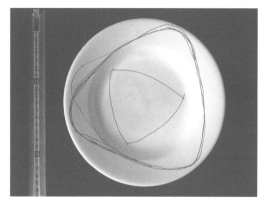

草图模型：赛车碗的几何概念

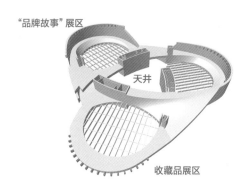

"品牌故事"展区

天井

收藏品展区

钢桁架跨越传奇展区坡道和扭曲梁

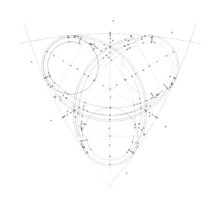

几何形式定位阶段

"龙卷风"排烟系统

Waalse Krook，未来城市图书馆和新媒体中心，根特，比利时，2010年
Waalse Krook, Urban Library of the Future and Centre for New Media, Gent, Belgium, 2010

　　建筑物的内部组织基于一个开放的中央空间，被循环的流线所引导。这个内部中庭巨大且匀称，增强了空间体验，并通过建筑物创造了清晰的方向感。除了提供城市环境的延伸和循环路线的交会点之外，建筑物中各个功能集群也在此处进行连接。

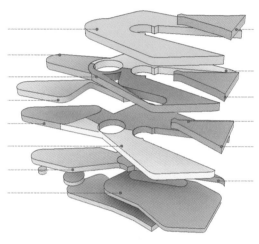

外部集市　　　　主要集市　　　　　　图书馆集市

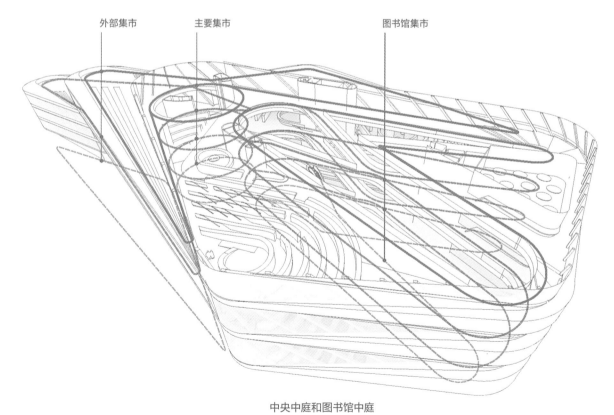

中央中庭和图书馆中庭

底层结构

　　将"底层结构"的概念扩大为一种知识工具，是因为它是连接城市的诸多自主特性的必要手段。首先，我们重新审视这个词的词源。"infra"意思是"下面"，它与单词"structure"（意为"结构"）的搭配，起源于1875年的法语，意思是"基础，特别是对于组织或系统"。遵循这个逻辑，"infra"对于建筑和城市来说意味着不可见的矩阵基础以及文化和价值观，并通过物质材料限定出空间。

　　探寻项目的底层结构需要仔细阅读各种尺度，从而绘制出隐藏在项目平面照片下的组织规则和隐形逻辑。这种对隐形逻辑的关注是一个设计逐步曝光的过程：将隐藏的元素带到表面，以创造新的关系、效率和共享功能。通过将业主和赞助商不同的需求汇总，然后使用交互或者编程的方式，将这些需求转换为更高效的空间需求。这种过程可以在环境或者政治层面上发生。

　　底层结构也被具体的功效所加持，毕竟建筑自身的逻辑组织不同于人眼可以观察的建筑本身，为了使这些组织原则更加易懂，我们使用图表来表示。在这种情况下，图表是设计过程的底层结构。对底层结构的这种细致入微的理解不仅通过尺度建立了联系，而且还打通了工作室的底层设计逻辑与城市文脉之间的联系。

经验

策划和经验为下列项目的设计提供了核心动力，目的是激发不同程序组件和用户组之间的交互。通过将人类经验作为一个基本的设计依据，打算将用户在看到图像前后对建筑的体验反射到整个过程中。

"日本之月" 巨型摩天轮，日本，2012年
GOW Nippon Moon, Japan, 2012

我们将这个巨型摩天轮建筑视为一段旅程。这个旅程以制订计划作为开始，以这段体验的影像作为结束，并返回。这段旅程从到达基地后立刻开始。从取票处出发，参观者沿着一个圆形坡道行走，零售、食品和饮料，以及小型展览区域都设置在这个区域中。"自动排队"系统会通知游客距登上摩天轮前剩余的时间，无需排队，因此游客有时间随便逛逛并使用所有设施，直到他们登上预选胶囊为止。虚拟体验和增强现实丰富了整个体验。

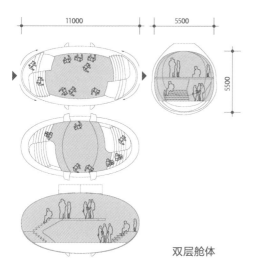

双层舱体

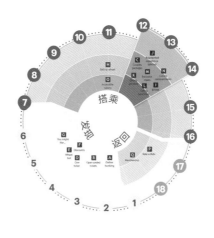

客户之旅

1　发现
2　研究或收集信息
3　决定访问
4　购票
5　制订旅行计划
6　前往现场
7　到达现场
8　找到进入方式
9　取票
10　积极的平台之旅
11　进入胶囊机舱
12　机舱上升
13　机舱转到顶峰
14　机舱下降
15　离开胶囊机舱
16　离开现场
17　评估体验
18　回家

新加坡技术与设计大学，新加披，2010—2015年
Singapore University of Technology and Design (SUTD), Singapore, 2010-2015

　　按照总体规划，学术园区由两个主要轴组成：生活轴线和学习轴线，这两个轴线重叠形成了中心点，并将校园的各个角落统领在一起。UNStudio提议在这个中心节点上设置一个用于展览、活动和互动的灵活空间——校园中心，由此成了校园的知识中心，并直接连接礼堂、国际设计中心和大学图书馆。学术园区的空间组织形成了无缝的教育网络，通过邻近性和透明性增强校园的互动性。连接包含竖向和横向两个维度，以实现视线和实际空间的连通，嵌在其间的小空间和楼梯也因此催生出或大或小的聚集和社交活动。

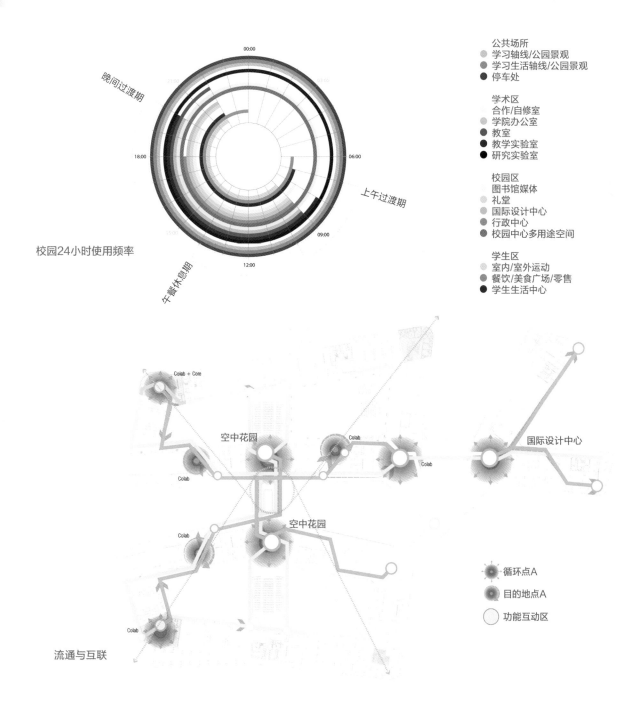

公共场所
- 学习轴线/公园景观
- 学习生活轴线/公园景观
- 停车处

学术区
合作/自修室
- 学院办公室
- 教室
- 教学实验室
- 研究实验室

校园区
图书馆媒体
- 礼堂
- 国际设计中心
- 行政中心
- 校园中心多用途空间

学生区
室内/室外运动
- 餐饮/美食广场/零售
- 学生生活中心

校园24小时使用频率

流通与互联

国际设计中心

空中花园

空中花园

循环点A

目的地点A

功能互动区

205

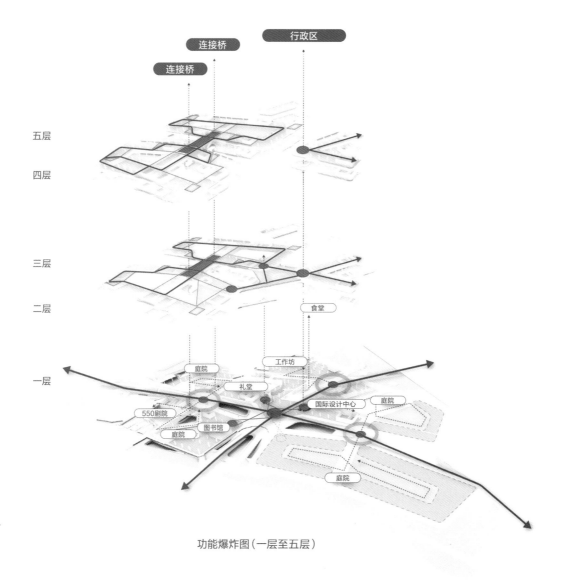

五层

四层

三层

二层

一层

功能爆炸图（一层至五层）

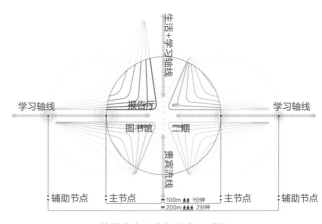

校园中心区步行距离和时间

芝加哥电影博物馆，芝加哥，美国，2014年
Chicago Museum of Film and Cinematography, Chicago, USA, 2014

　　故事叙述给游客带来体验，我们将此拓展，用于芝加哥电影博物馆的设计。恰似一个好的故事，建筑的作用是将观众吸引到其构建的场景中，在这里现实和幻觉融合在一起。博物馆收藏了各种与视觉叙事有关的文物，探索并开辟了不同的世界；它邀请游客在空间组织和路线相互叠加的故事中迷失自己。因此，该建筑是叙述者，建筑本身和展览融合在一个个空间的排列中，从而提升了参观者在博物馆内的日常生活体验。

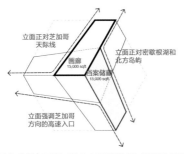

1. 模块化的几何形状，以响应区域要求和周围的场地

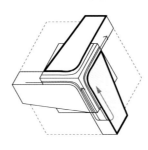

2. 检查流线并调试美术馆和档案馆的关系

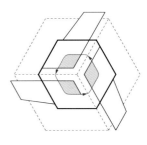

3. 增加其他几何形状以创建更多的中心焦点空间和剩余空间

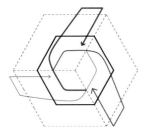

4. 增加更多流线系统

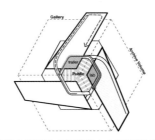

5. 创造从更活跃、更开放的中央空间（公众可见）到更私密、更内向的收藏空间的渐变

6. 流线与功能的关系

图例
美术馆
● 美术馆视听室
● 档案馆
　可见档案区
　公众视线通廊

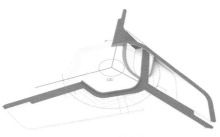

1. 基本单元

2. 新增并旋转角度的单元块

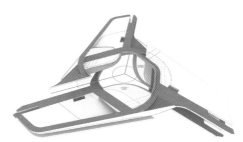

3. 再次新增并旋转角度的单元块

4. 以此往复

组织结构

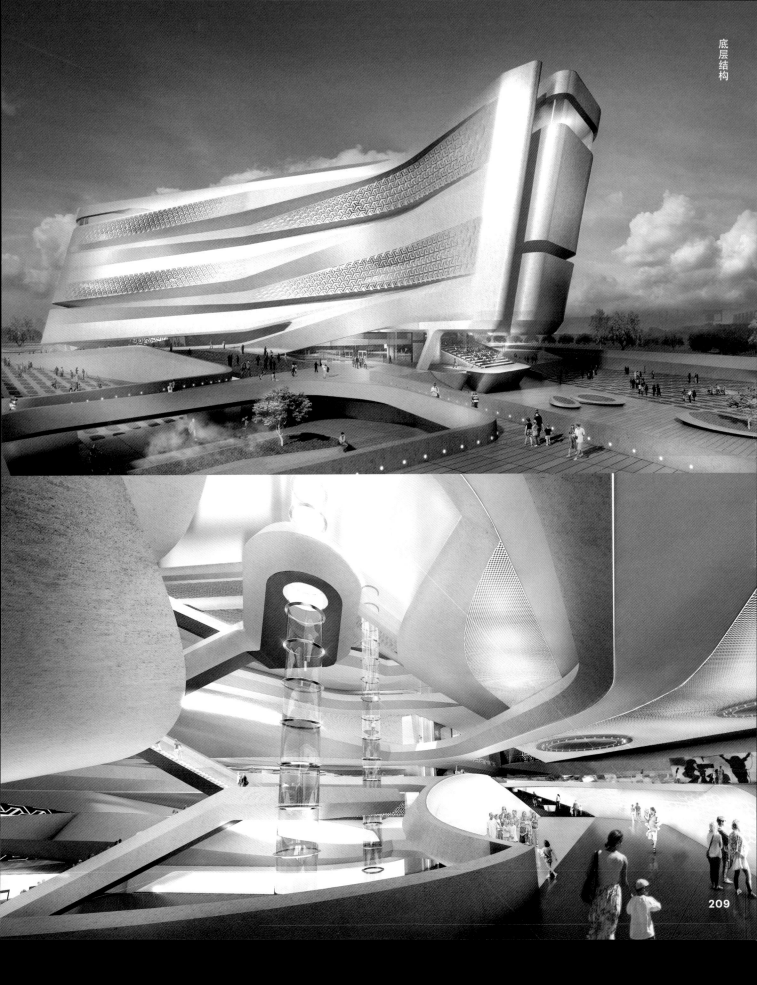

台湾桃园国际机场3号航站楼，台湾，中国，2015年

Terminal 3, Taiwan Taoyuan International Airport, Taiwan, China, 2015

　　基于个人旅行体验和"场所制作"的概念，我们通过构建一个外观和感受均不同于普通机场的生态廊道来体现对使用者的关心。清晰的组织逻辑提供了内部高效的循环，而各种微气候小环境点缀在整个路径中，满足物理上的舒适性和便利性。航站楼设计的要点在于步行距离尽量短、水平换乘尽量少，还有通过精确的方向引导设计和自然天光来引导人流行进。在更大的尺度中，建筑本身就可以作为一个导向元素。基于过往的重要经验，建筑被划分为合理且有效的网格系统（9m基础网格），以适应未来被重新划分的情况，并区别于其他大型的室内区域。

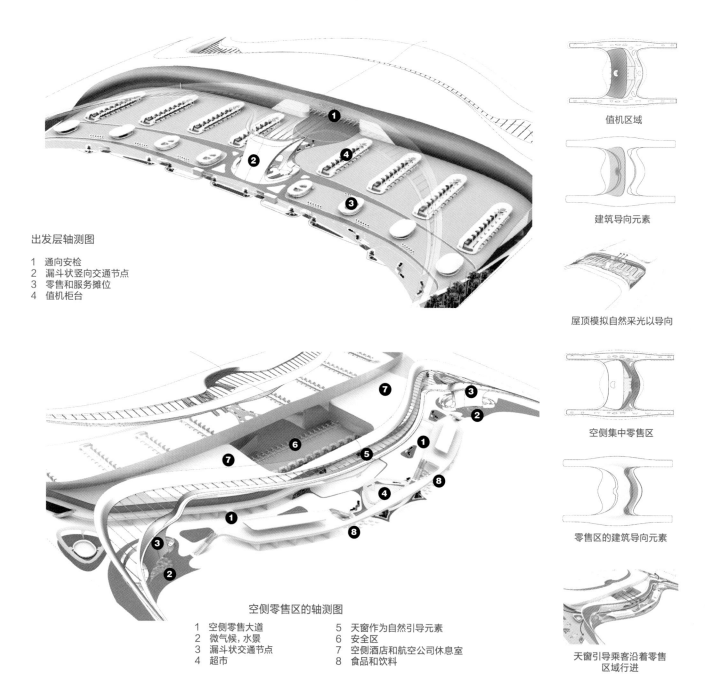

出发层轴测图

1　通向安检
2　漏斗状竖向交通节点
3　零售和服务摊位
4　值机柜台

值机区域

建筑导向元素

屋顶模拟自然采光以导向

空侧集中零售区

零售区的建筑导向元素

天窗引导乘客沿着零售区域行进

空侧零售区的轴测图

1　空侧零售大道
2　微气候，水景
3　漏斗状交通节点
4　超市

5　天窗作为自然引导元素
6　安全区
7　空侧酒店和航空公司休息室
8　食品和饮料

流动性

以下项目的形式和体量体现出新颖的功能联系以及空间的流动。这些元素通过各种图解策略连接，产生线性、非线性、循环和分层关系。

莫比乌斯住宅，金理，荷兰，1993—1998年
The Möbius House, Het Gooi, The Netherlands, 1993–1998
　莫比乌斯住宅的组织和结构以无尽的莫比乌斯环的原则为基础。该组织模型与家庭的24小时生活和工作周期相关，其中个人工作空间和卧室对齐，但集体区域位于路径的交叉点上。家庭住宅的功能元素位于环路上的方式最终物化成了建筑物的外观。

底层结构

工作区　睡眠区　睡眠区

生活区　睡眠区　工作区　生活区　工作区　生活区

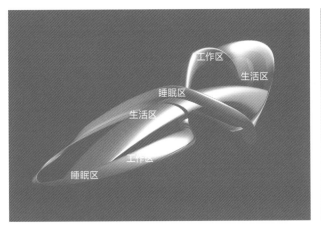

工作区　生活区
睡眠区
生活区
工作区
睡眠区

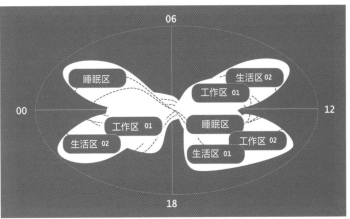

06

睡眠区　　　　　生活区 02
工作区 01
工作区 01　　睡眠区
生活区 02　　工作区 02
生活区 01

00　　　　　　　　　　12

18

梅赛德斯-奔驰博物馆，斯图加特，德国，2001—2006年
Mercedes-Benz Museum, Stuttgart, Germany, 2001-2006

三叶草形是梅赛德斯-奔驰博物馆的组织原则。所有展览空间都按照其产生的连续双螺旋进行组织，激发展览的独特体验，并推演出建筑的正式结构和几何复杂性。设计和施工过程的所有阶段都取决于严格的三叶草形，这是设计始终贯穿的原则。

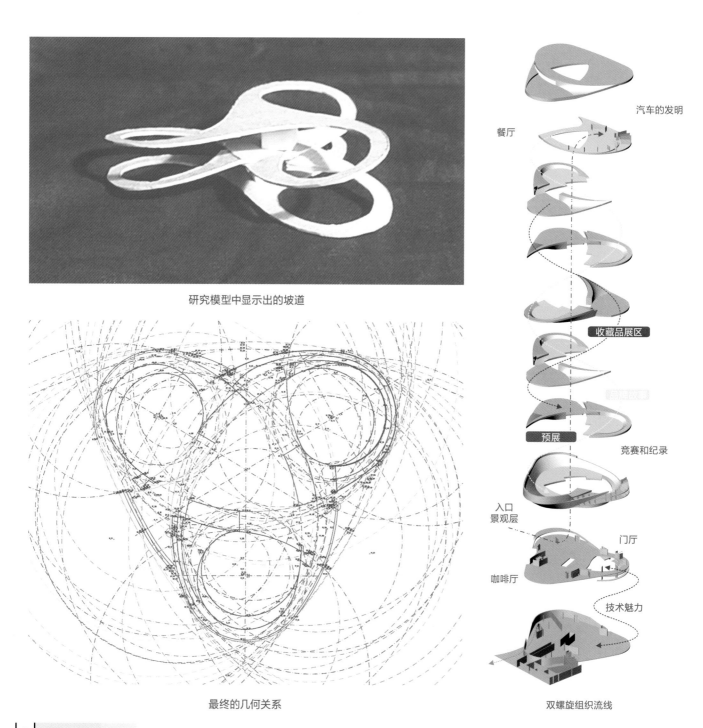

研究模型中显示出的坡道

汽车的发明

餐厅

收藏品展区

预展

竞赛和纪录

入口
景观层

门厅

咖啡厅

技术魅力

最终的几何关系

双螺旋组织流线

参见 122 198 367

帕罗迪桥，热那亚，意大利，2001年至今
Ponte Parodi, Genoa, Italy, 2001 to present

　　对常规的网格系统进行拉扯，产生了流线和网格骨架的新的可能性。由此扭曲产生的钻石形切口为垂直流线循环、通向水边景观的视觉通廊和自然光提供了机会。在设计的后期阶段，"钻石"与广场的关系从平行位置优化到垂直位置，为进入这个中央空间提供了更多的机会。各种循环并置的类型学案例，如室内画廊、露天画廊、滨海大道和城市公园，组织和优化了建筑内部和屋顶上的功能布局。建筑物的体量关系易于使用者理解，并催生出各种空间和服务。该结构接触码头两端的地面，可引导人们直接进入屋顶公园和休闲区。

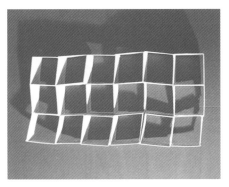 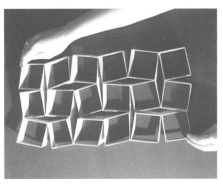 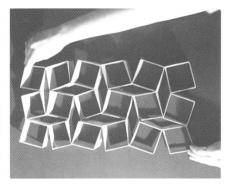

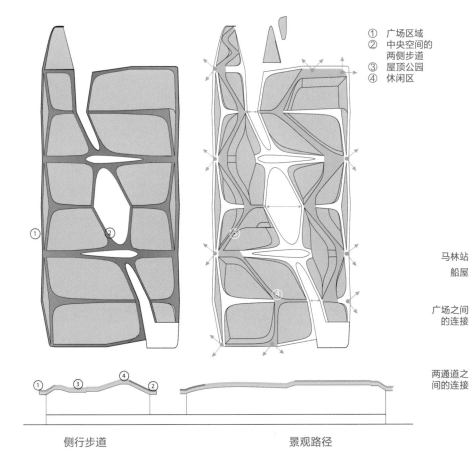

① 广场区域
② 中央空间的
　两侧步道
③ 屋顶公园
④ 休闲区

侧行步道　　　　　　景观路径

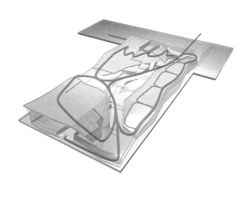

马林站
船屋

广场之间
的连接

两通道之
间的连接

循环

总体规划和火车站，博洛尼亚，意大利，2007年
Masterplan and Train Station, Bologna, Italy, 2007

扩建的博洛尼亚中央火车站扮演了具有多功能的城市角色。因其连接了城市的历史分区，所以它既是交通网络的重要节点，也是城市结构中的重要区域。在分析了城市的潜力和优势后，设计为该建筑不同种类的使用者量身定制了规划，创建了一个拥有新街道、林荫大道、广场和城市功能的社区。该车站的中心设计是错综复杂的钢结构，安装在轨道上方20m处，作为一个大型屋盖系统连接了车站周边所有的区域。

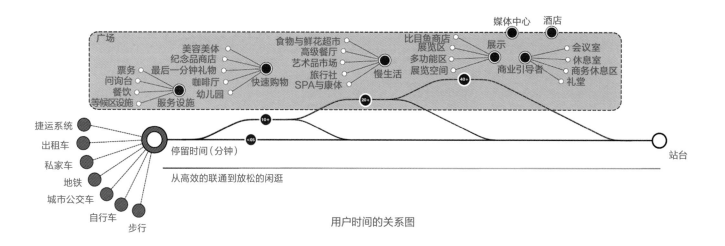

用户时间的关系图

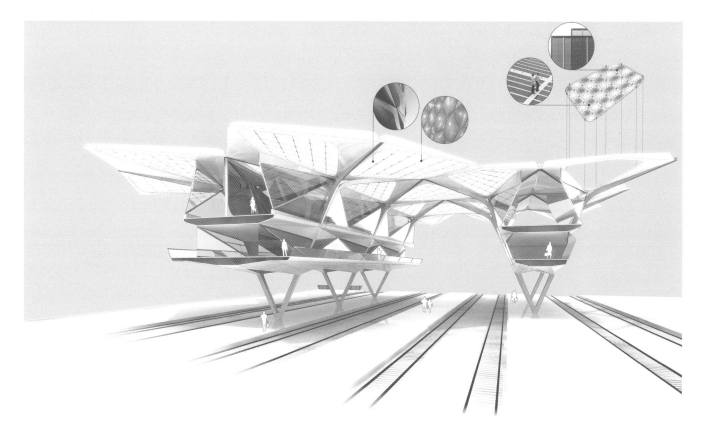

剖面及细部设计

巴萨里车站区总体规划，毕尔巴鄂，西班牙，2006—2011年
Masterplan Station Area, Basauri, Bilbao, Spain, 2006-2011

巴萨里车站区的总体规划为市中心提供了一个独特的新身份，重新连接了以前因为火车站和铁路轨道分隔而造成的城市碎片。通过在现有的巴萨里街道模式中增加立体对角线交叉口来实现可识别性。该街道模式提供了新的人行网络。这些交叉口之间的区域像是绿色的口袋拉链，形成一个柔软的城市走廊，为巴萨里居民提供了安全的休闲空间，创造了全新的连通感受，便于交通和社交互动。新火车站位于地下，与绿色的"口袋拉链"完全融为一体。车站雕塑般的屋顶形成两个倾斜的翅膀的形状，而火车轨道上方的区域被覆盖，并转换成一系列城市广场，围绕着中心的车站。

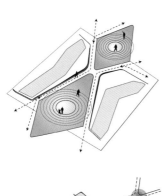

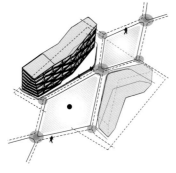

斜对角连接

绿化区域

从Begonako
Andramari街进
入广场

车站入口

车站入口

天光 车站

从广场进
入Florian
Tolosa街

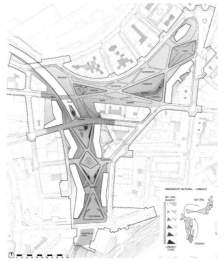

绿化分析

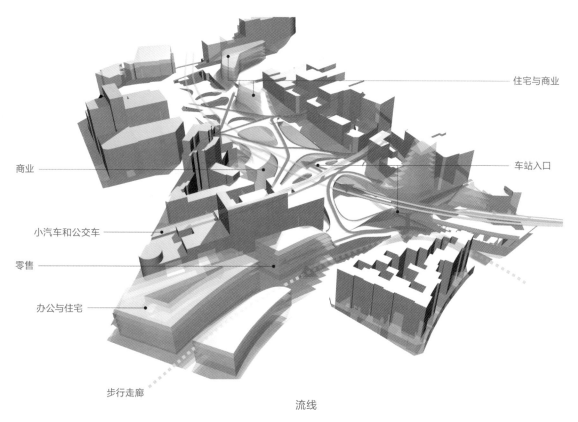

住宅与商业

商业

车站入口

小汽车和公交车

零售

办公与住宅

步行走廊

流线

Waalse Krook，未来城市图书馆和新媒体中心，根特，比利时，2010年
Waalse Krook, Urban Library of the Future and Centre for New Media, Gent, Belgium, 2010

未来城市图书馆和新媒体中心通过开放的景观、多元的流线、会议区域和公共广场创造了一个充满活力的、灵活和开放的学术环境。该建筑拥有流线型的外观，与周边环境协调并拥有宽阔不受遮挡的视野。建筑物的内部组织通过一个开放的底部架空区显示出空间的开放性，在这里，众多流线围绕穿行，众多功能也布置其间。

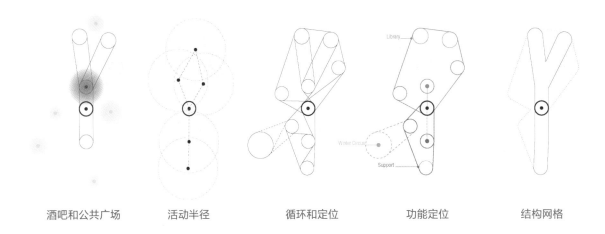

| 酒吧和公共广场 | 活动半径 | 循环和定位 | 功能定位 | 结构网格 |

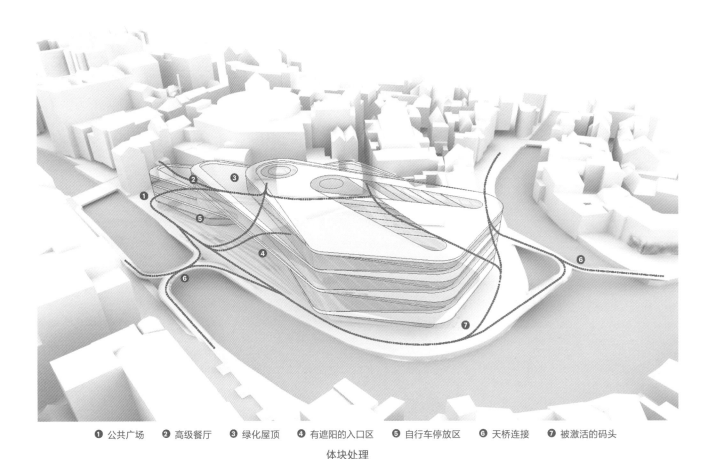

❶ 公共广场　❷ 高级餐厅　❸ 绿化屋顶　❹ 有遮阳的入口区　❺ 自行车停放区　❻ 天桥连接　❼ 被激活的码头

体块处理

速度

空间的编排可以组织人流。通过在一个速度里创造节奏和变化，可以在空间和时间中体验渐变和细微的变化。

卡塔尔综合铁路，多哈，卡塔尔，2012—2019年
Qatar Integrated Railway, Doha, Qatar, 2012–2019

多哈新城域网的站点设计受到一系列复杂功能要求的驱动，并需要在交通网、线路和站点之间建立严格的对应关系。所有车站类型和设计都源于站台和候车厅的不同配置。通过把同一母体分等级、分大小地体现在候车厅和站台，乘车通过每个站时会感受到一种独特的体验，每个站各有差异但仍是整体建筑语汇的一部分。

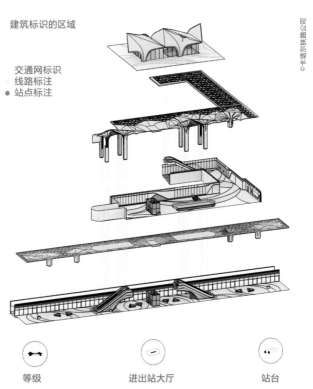

建筑标识的区域

交通网标识
线路标注
● 站点标注

等级　　　进出站大厅　　　站台

布鲁塞尔机场连接体，布鲁塞尔，比利时，2011年
Brussels Airport Connector, Brussels, Belgium, 2011

连接体部分连接了布鲁塞尔机场的两个部分。如此，可以提升机场在客流组织、安检和后勤流线上的效率。连接体的建筑形态形成于人流通过这个连接体的动感流线，我们将其组织化和可视化并体现出来。不同高度的功能层和行人流线体现在整个屋面的造型中。当游客穿过这个空间时，一系列变换的支撑屋面的几何形结构元素，在间隔中建立了空间的节奏。

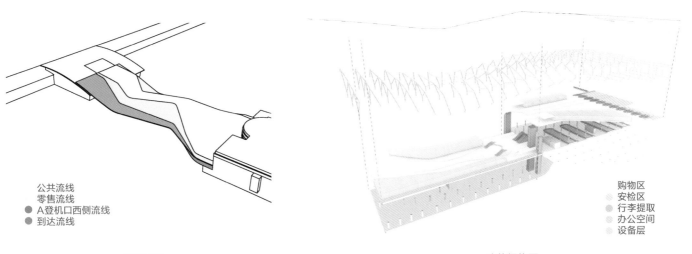

公共流线
零售流线
● A登机口西侧流线
● 到达流线

旅客流线

购物区
◎ 安检区
● 行李提取
◎ 办公空间
◎ 设备层

功能爆炸图

探寻项目的底层结构，需要仔细测量深度和尺度，从而绘制出隐藏在项目平面照片下的组织规则和隐形逻辑。

阿纳姆中央车站，阿纳姆，荷兰，1996—2015年
Arnhem Central Station, Arnhem, The Netherlands, 1996-2015

在城市规模上连接城市的不同标高，并将其转化为高效和功能性的乘客流线，是阿纳姆中央火车站的核心设计动力。被指定为等候区的空间大小和规模进一步塑造了建筑物的几何形状，并以所需的容量为依据。这些参数整合到一起，形成了火车站本身，它展示着这个城市的日常，同时，也在庆祝这平常的每一天。

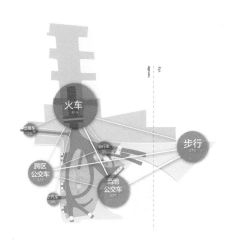

各种交通方式之间的关系

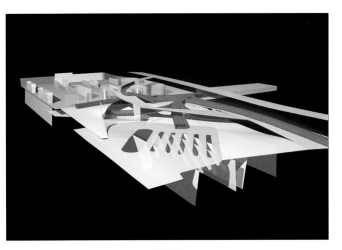

旅客流线

克鲁努西拉特桥，赫尔辛基，芬兰，2012年
Kruunusillat Bridge, Helsinki, Finland, 2012

　　桥这一类型是最纯粹、最直接的连接形式，也是可视化的基础设施。克鲁努西拉特桥的设计保持了这种直接性，同时融合了行人、自行车和电车的流线。在接触地面的地方，结构将这些不同的流线与当地道路连接起来，并为周围的景观设计提供了不同的可能性。结构元素的序列既为桥上的通勤者创造了移动的体验，又有意识地在周围景观中树立起自己独特的形象。

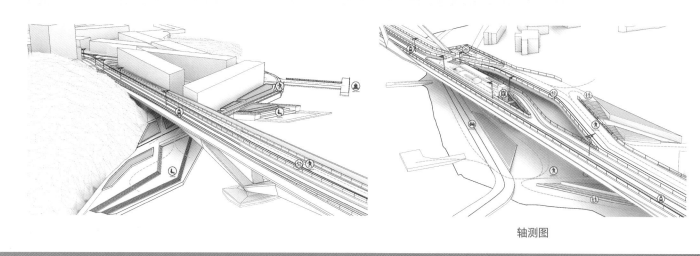

轴测图

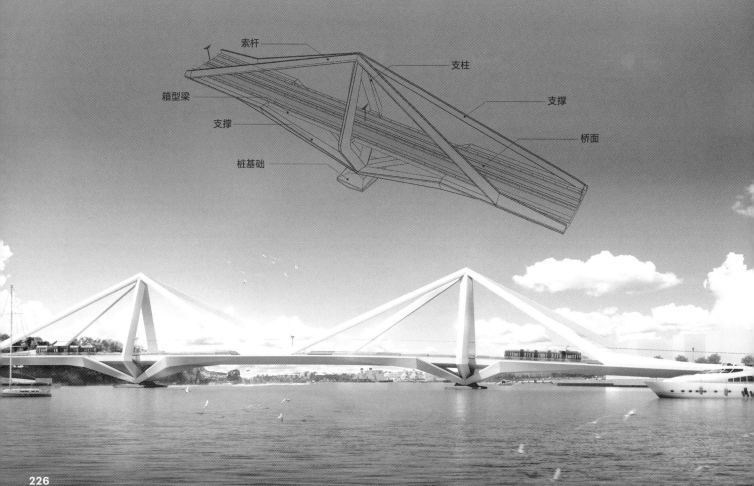

联合车站，洛杉矶，美国，2012年
Union Station, Los Angeles, USA, 2012

　　洛杉矶联合车站总体规划的概念是将交通体验与新的户外公园空间相结合。在这个过程中，它为洛杉矶市中心提供了许多受欢迎的便利设施。从大的范围来看，这一规划打造了一个"绿色生态圈"，其中包括洛杉矶河复兴计划，以及连接101号联合车站的公园扩建计划。这些交通、景观和城市肌理之间的联系为联合车站交通枢纽设计提供了一个连贯和有意义的建筑与城市之间的整合。

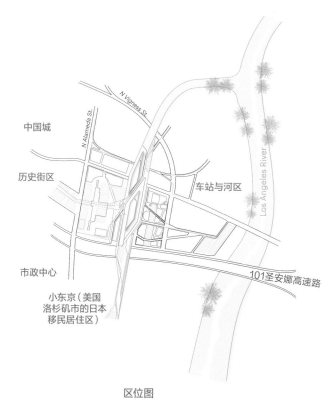

区位图

新街站，伯明翰，英格兰，2008年
New Street Station, Birmingham, England, 2008

该站中庭作为一个交通节点，对提高其辨识度发挥了重要作用。在车站的中心形成了一个直接的连接，允许车站乘客在等车时使用零售设施。自动扶梯组织了大堂的人流，将其送达车站的站前广场层。中庭中心的桥连接着零售层的不同位置，激活了整个空间，并提供了与城市的连接。屋顶的大型结构反映了下面桥梁的几何形状，并产生一个无柱空间。

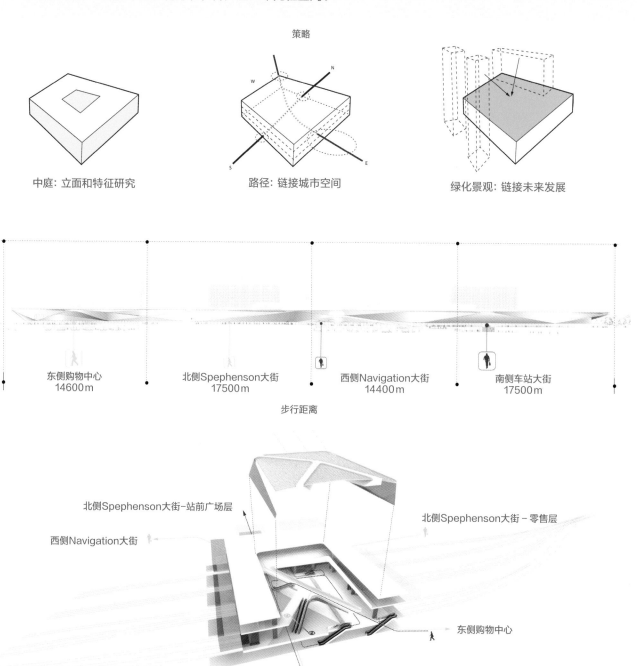

策略

中庭：立面和特征研究

路径：链接城市空间

绿化景观：链接未来发展

东侧购物中心
14600 m

北侧Spephenson大街
17500 m

西侧Navigation大街
14400 m

南侧车站大街
17500 m

步行距离

北侧Spephenson大街-站前广场层

西侧Navigation大街

北侧Spephenson大街－零售层

东侧购物中心

南侧车站大街

中央空间

建筑可持续发展平台

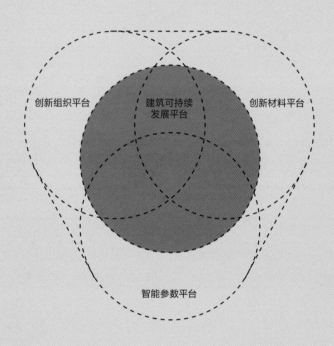

创新组织平台

建筑可持续
发展平台

创新材料平台

智能参数平台

234 可获得性

235 能源可获得性

244 材料可获得性

253 公众幸福感的可获得性

264 连接的尺度

265 流线的尺度

274 尺度控制

关于可持续发展的论述指向两个看似相反的方向。一方面，有人认为这是一种固有的、可度量的现象，因此能够通过各种形式的标准加以编纂和观察。另一种观点认为，可持续性是所有设计决策背后的一股不可或缺的力量，从调节气候条件、负责任地使用空间，到为对未来使用的适应性，它影响着一切。"建筑可持续发展平台"的知识工具解决了这一差异——展示了日益发展的制度化知识体系的积极作用，同时寻求可持续发展的新概念。通过这种融合，建筑可持续发展平台扩展了对这个主题的讨论，超越了必要的功能，走向一个影响我们作出的每一个设计决策的价值体系。

可获得性

"可获得性"（Attainability）是一个源于"可持续性"（sustainability）和"可负担性"（affordability）的合成词，代表了经济、社会和环境问题之间的关系。它体现了一种态度，即建筑项目应该不仅仅是简单地纳入可持续发展功能。我们实现可获得性的方法本质上与生命周期运营成本、材料特性、政治背景和建筑法规有关。最终，这些原则反映了对作品所处的特定社会文化背景的关注。

可获得性的核心原则在于协调建筑使用者的健康和幸福。这构成了一种环境方法，实现了工作和生活条件的综合，鼓励全天候利用建筑。值得注意的是，这种分层级和有效的空间规划具有重大的经济意义。更少的空间被使用得更多更好，从而产生商业上可行的建筑，同时满足不同形式的社会互动和材料创新的需求。在接下来的项目中，我们对可获得性的关注表明了一种态度，虽然不那么直截了当，但更持久的建筑质量是优先考虑的因素，因为它们是通过时间而不是通过形象表现出来的。

能源可获得性

　　被动的可持续设计手法和主动的可持续措施相结合，形成了一种独特的设计方法，它重视建筑的高效节能，从而影响建筑的形式和构造。我们努力使设计高度回应项目文脉和任务书，同时提供对其环境策略的解读。这种与环境交流的设计，让用户更积极地参与到建筑的日常活动中，将项目的社会维度带入人们的日常生活。

虚拟工程中心，斯图加特，德国，2006—2012年
Centre for Virtual Engineering (ZVE), Stuttgart, Germany, 2006-2012

　　虚拟工程中心采用了多项智能建筑技术，在能源使用、节能和智慧性能方面，所有这些技术都为高度可持续性和优化的建筑作出了贡献。地热探头、混凝土核心活化、耦合冷却系统和喷洒水箱泵等功能，被用于储存冷热，保障建筑高效节能。此外，集成的立面通风系统具有创新的遮阳和智能控制系统，确保日光和新鲜空气的最佳渗透，同时通过蒸发冷却装置将总机械通风降低到最低，利于降低运营成本。整个建筑以自动化系统监控着各个房间的参数，自动进行所有相关操作流程。

创新的研究工作环境

1　地热能
　　地热探头配有热泵，11口钻孔，钻深170m

2　耦合冷却系统和喷洒水箱泵
　　作为冷热储存

3　立面
　　综合通风系统，创新智能防晒控制系统

4　检测监控系统
　　自动进行有关操作程序

5　通风
　　通过蒸发冷却装置将总机械通风降低到最低，利于降低运营成本

6　地源热泵
　　夏季：制冷；冬季：基本负荷供热

7　空心吊顶
　　充气塑料球用于吊顶结构的静态优化

8　整体建筑自动化
　　监测和控制技术建筑和房间参数

可
获
得
性

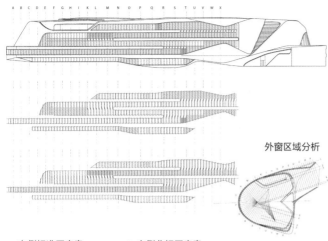

外窗区域分析

- 左侧标准开启扇
- 左侧标准固定扇
- 右侧标准开启扇
- 右侧标准固定扇
- 右侧非标开启扇
- 左侧非标开启扇
- 左侧非标固定扇

V1-从顶到底的纹理，在玻璃面上可以垂直移动

V2-从顶到底的纹理，在幕墙框料外皮可以垂直移动

V3-侧面的纹理，在玻璃面上可以水平移动

教育局和税务局大楼，格罗宁根，荷兰，2006—2011年
Education Executive Agency and Tax Offices, Groningen, The Netherlands, 2006-2011

　　可获得性工具在教育局和税务局的一个关键应用体现在其立面原则的构建上。遮阳、风控制、采光控制和结构都集成在一种鳍状结构中。这些水平遮阳片确保了大量的热量被阻挡在建筑外，大大降低了建筑的制冷需求。立面遮阳片的尺寸随太阳朝向的不同而变化，最大的长度用在南面，最小的长度用在北面。遮阳片之间的大玻璃窗允许阳光深入建筑内部，减少了对人工光的需求。

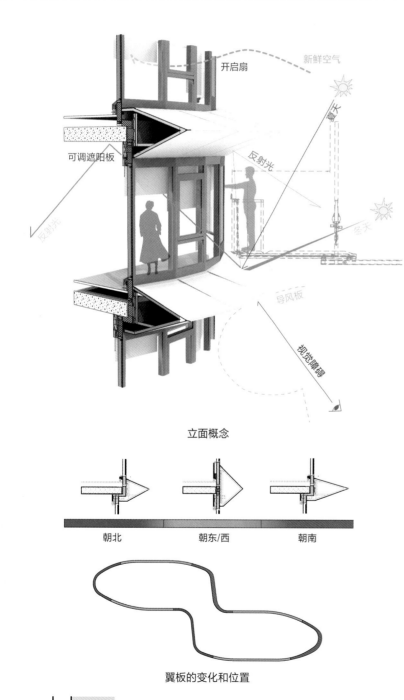

立面概念

朝北　　　　朝东/西　　　　朝南

翼板的变化和位置

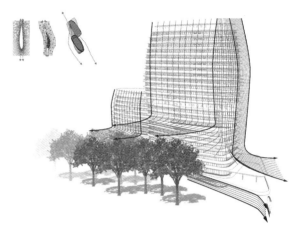

大量机翼形的立面板，以引导附近林地上空的风

世界园艺博览会展馆，青岛，中国，2011—2014年
Qingdao World Horticultural Expo Pavilion, Qingdao, China, 2011-2014
　　青岛馆的围护结构是专门为适应当地的风和热条件而设计的。青岛馆的立面被称为"活立面"，即建筑立面将捕风装置、通风双层表皮和遮阳系统集成于一体。活动的立面不仅是一个防止太阳直射的遮阳设施，同时也是一个捕风装置，可以将高层的风收集起来，为通风不佳的人行层提供通风。即使在无风时，立面的空腔也能通过烟囱效应，加强屋顶和人行层的空气流动。这样的被动式节能措施，能够通过小的动作产生实质性的效果，同时因技术上相对简单，在设计上提供了较大的灵活性。

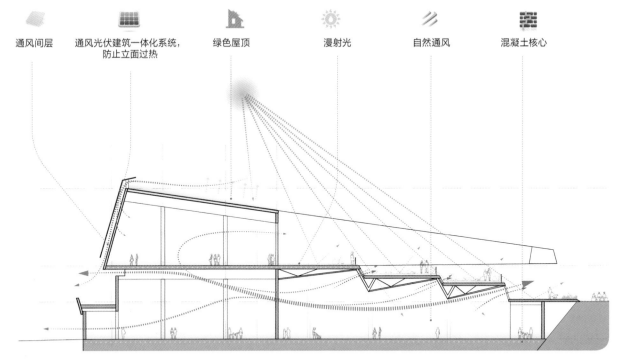

通风间层　　通风光伏建筑一体化系统，　　绿色屋顶　　　漫射光　　　自然通风　　　混凝土核心
　　　　　　　防止立面过热

可持续性原则

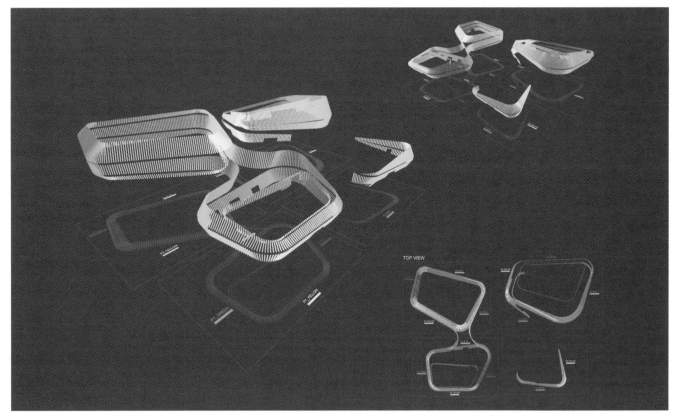

侧面遮光板颜色分析

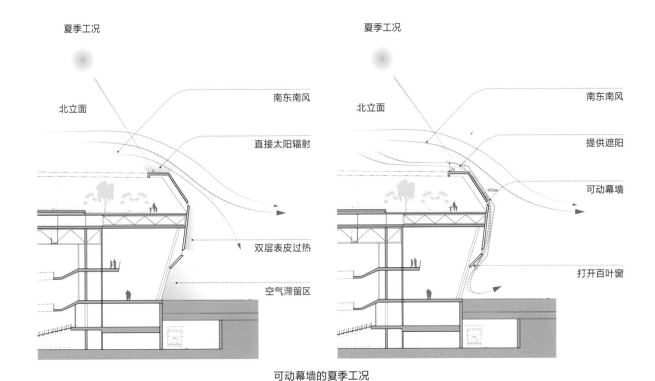

夏季工况

夏季工况

北立面

南东南风

直接太阳辐射

双层表皮过热

空气滞留区

北立面

南东南风

提供遮阳

可动幕墙

打开百叶窗

可动幕墙的夏季工况

2017年阿斯塔纳世博会，阿斯塔纳，哈萨克斯坦，2013年
Astana EXPO 2017, Astana, Kazakhstan, 2013

UNStudio为2017年阿斯塔纳世博会提供的设计方案，重新思考了"世界奇迹"这一概念：设想了一个既满足世博会等短期活动期间使用，又符合至2050年的未来城市发展的建筑。这一短期使用与长期发展兼顾的方案，基础是建立一个可落地的设计，它应当具有畅通的循环和必要的智能基础设施，以利于后期改造，进一步适应城市发展。世博馆是一个垂直的公园，有咖啡厅、餐厅、全景露台和景观露天剧场。该设计优先考虑了能源存储塔，因为它可以同时实现减少能源需求、提供可再生能源、作为发电厂使用以及能源存储等多种功能。11座水塔和风力发电涡轮——两者都与高效光伏阵列相结合——旨在提供电力，同时也展示技术和设计的一体化。

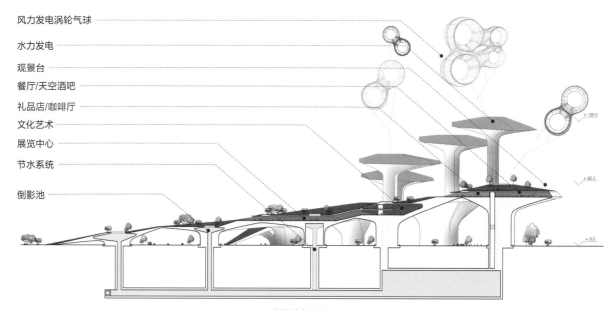

风力发电涡轮气球
水力发电
观景台
餐厅/天空酒吧
礼品店/咖啡厅
文化艺术
展览中心
节水系统
倒影池

规划剖面图

"可获得性"是一个源于"可持续性"和"可负担性"的合成词，代表了经济、社会和环境问题之间的关系。

材料可获得性

对材料性能的探索催生了许多项目，这些项目通过有效又低成本的手段实现了多种多样的建筑效果。核心设计策略是通过一以贯之的建筑语言，将多种功能复合起来，从而减少材料的使用。

旅游生物气候大楼，巴黎，法国，2011年
Tour Bioclimatique, Paris, France, 2011

一些最有效的可持续技术和最具成本效益的建筑设计手法，来自被动式可持续设计的精心整合。建筑朝向对建筑的整体效率起着至关重要的作用。通过对建筑比例、主风向、太阳方向和景观的分析和响应，保证了建筑在用地局促、周边约束较多的场地上处于最佳的位置和形态。故此产生流线型的平面布置，使得基础结构承受的风荷载最小，达到建筑材料显著减少、造价降低的效果，从而提升了建筑的可持续性。

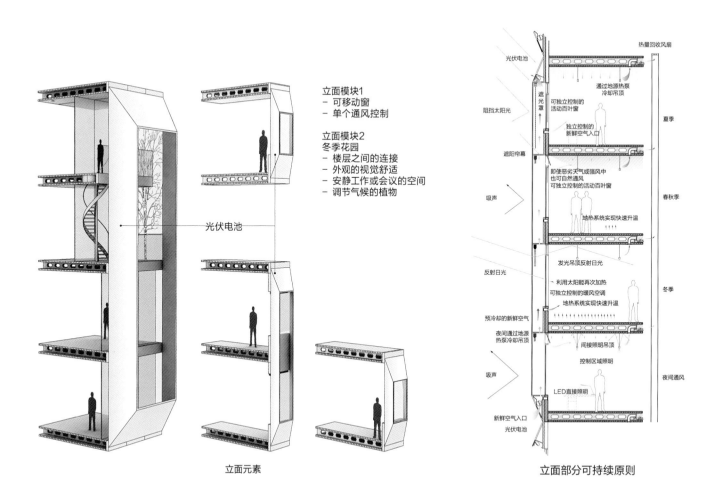

立面元素

立面部分可持续原则

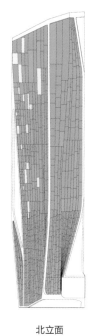
北立面

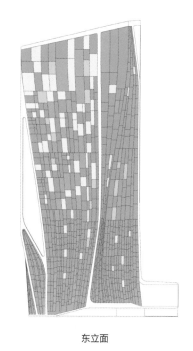
东立面

南立面

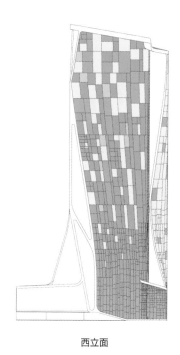
西立面

立面模块
● 立面模块1: 标准构件
　立面模块2: 遮阳
● 立面模块3: 双层立面和冬季花园

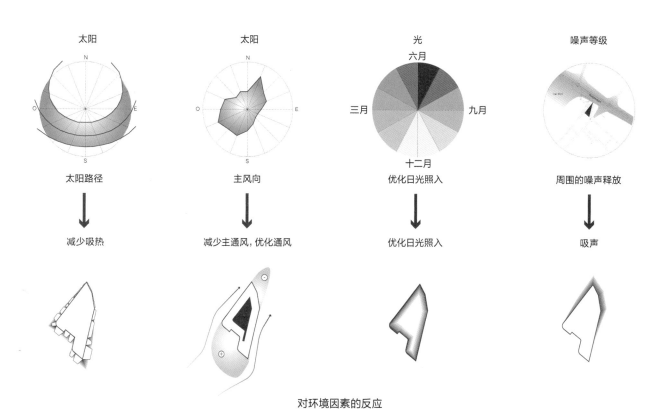

太阳 太阳 光 噪声等级

太阳路径 主风向 优化日光照入 周围的噪声释放

减少吸热 减少主通风, 优化通风 优化日光照入 吸声

对环境因素的反应

韩华总部大楼，首尔，韩国，2013年至今
Hanwha Headquarter Building, Seoul, South Korea, 2013 to present

　　韩华总部大楼将光伏电池集成到立面上，形成一个积极响应环境的设计模型。通过对立面进行优化和标准化，减少了不同立面元素的数量，并实现了表面积的几何合理化。其结果是，在立面上形成了一个多尺度元素的系统，既尊重建筑的内部功能，也尊重城市环境。

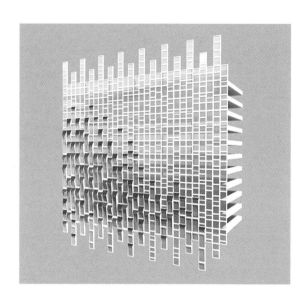

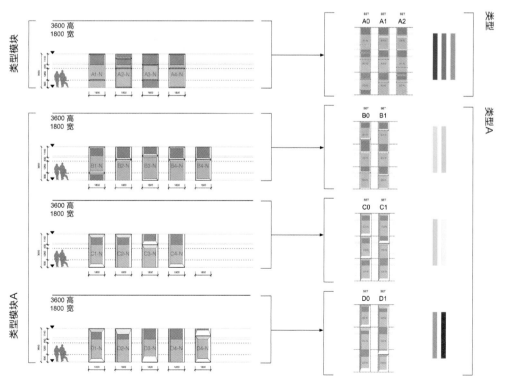

北立面模块
基本模块概述－3600mm高，1800mm宽

立面装配化设计策略

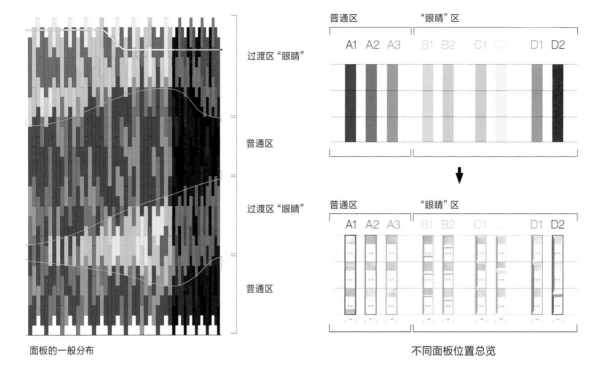

面板的一般分布

不同面板位置总览

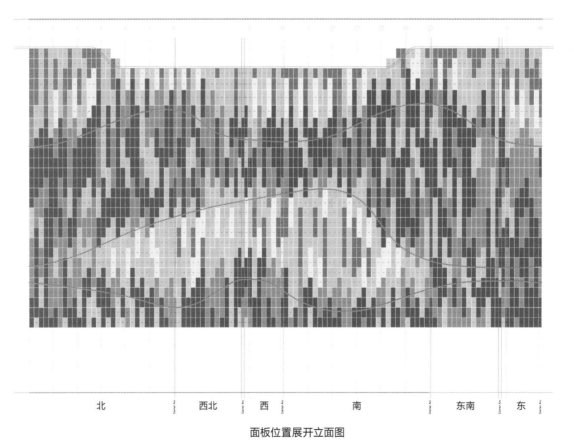

面板位置展开立面图

研究项目：光伏建造，参与"光伏建造联盟"，正在进行中
Research project – Construct PV, with Construct PV Consortium, ongoing

　　"光伏建造"项目旨在通过与多个国际科研和工业机构合作，研究改善光伏组件的视觉外观。根据资助协议（NO.295981），该项研究已获得欧盟第七框架计划（FP7/2007—2013）的资助。该项目的目标是改进标准的工业光伏组件，使其具有更大的灵活性，以满足欧洲不同社会、地理区域的需求。该研究的另一个目标是为光伏组件创建一个兼具美观性和经济性的设计产品目录，并与我们在光伏制造业的合作伙伴一起，将其引入欧洲市场。

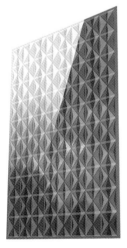  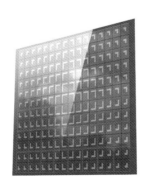 

模块的变化

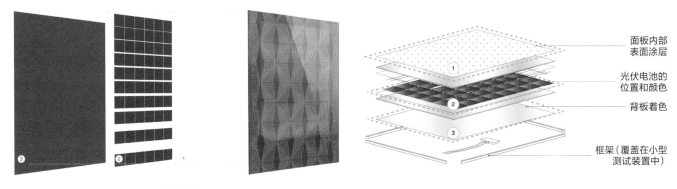

面板内部
表面涂层

光伏电池的
位置和颜色

背板着色

框架（覆盖在小型
测试装置中）

模块层次

公众幸福感的可获得性

　　作为建筑师，我们不断开发独特的学科工具，在建筑和城市环境的营造中，为人们创造健康和公众幸福感。良性运转指的是，使我们能够以广泛的方式与环境进行有意义的接触，满足每个人在特定时刻的需要。"可量化的"（硬的）和"直觉的"（软的）价值观是通过不同尺度的滤镜来检验的——从公共可达性和对公众幸福感的贡献，到在文化层面上的认同和回应更广泛的需求。

RIVM & CBG总部，乌德勒支，荷兰，2014年
RIVM & CBG Headquarters, Utrecht, The Netherlands, 2014
　　RIVM & CBG总部大楼独特的十字形中庭为建筑组织带来了许多好处，包括提供人员和货物的集散地、缩短步行距离、优化交通流线和产生建筑单体之间的视觉连接。然而，这种技术最大的好处之一在于不同用户组和他们对其周边建筑的体验所产生的协同作用。十字形的建筑布局营造了一种知识开发和共享的氛围，展现了工作和过程的透明性，承担了作为建筑内部公共核心的角色。

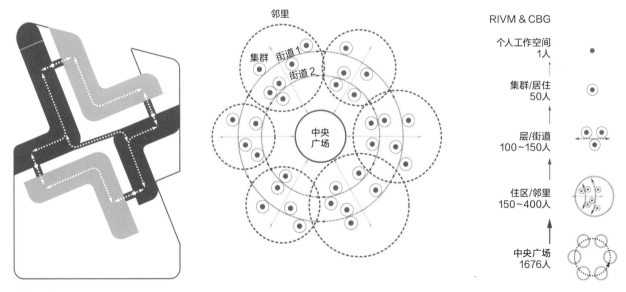

- ● 办公室
- ● 实验室
- ● 垂直流线

新加坡技术与设计大学，新加坡，2010—2012年
Singapore University of technology and Design (SUTD), Singapore, 2010–2015

　　新加坡技术与设计大学项目最显著的特点之一是可使用的户外空间的多样性。从半室外休息空间、动线空间和过渡空间，到整个半室外庭院。不同类型的空间营造，反映了设计者对划分区域的关注，这些区域适应了新加坡的气候条件，同时提供了全年皆宜的户外体验。此外，所有的建筑体量都从地面升起，让微风不断地吹过场地，然后气流通过各个体量的庭院上升。这种被动的技术，在综合体的不同建筑之间巧妙地结合体量和平面设置了廊下空间，在严苛的气候条件下，提供了营造开放空间的机会，为学生、教师和游客提供了室外活动的条件。

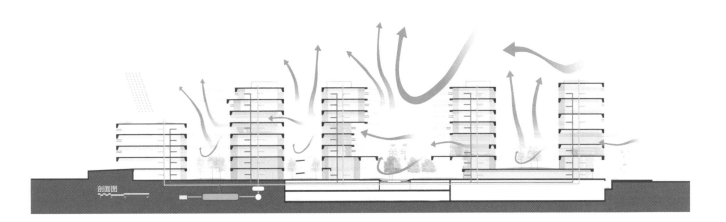

剖面图

W.I.N.D.住宅，北荷兰，荷兰，2008—2014年
The W.I.N.D. House, North-Holland, The Netherlands, 2008-2014

W.I.N.D.住宅融合了可持续解决方案和家庭自动化设计，同时，空间的灵活性、周围景观的引入和空气的循环形成了设计的基础。其综合的家庭自动化系统能够对包括太阳能电池板和机械装置在内的电气系统进行综合控制。住宅的整体可持续系统包括一个用于供暖制冷的中央空气水热泵、带废热回收的机械通风和位于屋顶的太阳能板。通过在玻璃幕墙的正反面均采用有色涂层，可以减少辐射热。这种涂层玻璃不仅不妨碍自然光进入室内空间，还增加了白天的隐私。房子的墙壁和吊顶覆盖着天然的黏土灰泥，主墙由黏土砖组成。黏土的蒸发作用有助于提供一个健康的室内气候。

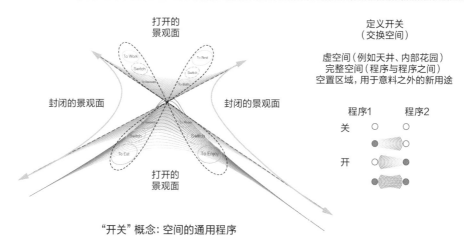

"开关"概念：空间的通用程序

杭州新区总体规划，杭州，中国，2010年
Masterplan Hangzhou New District, Hangzhou, China, 2010

　　杭州新区总体规划的设计策略追求创造绿色的充满活力的人行流线（地上和地下）的理念。多种设计策略（包括绿色走廊、水走廊、松散的种植园结构、种植屋顶、城市降温和变暖、绿色庭院和可持续生活等）相结合，创造了环境与用户之间的协同作用。此外，该设计旨在通过在人行区域内引入空气循环来获取多余的能量，从而提高用户的舒适度。低密度区域的风道使得风更容易穿透建筑，而建筑物的分组减少了直接的太阳辐射。绿化的加入进一步改善了中央建筑群的冷却效果。来自周围环境的温度差异在风速较低的时段亦能刺激空气循环，进一步降低了热量水平。

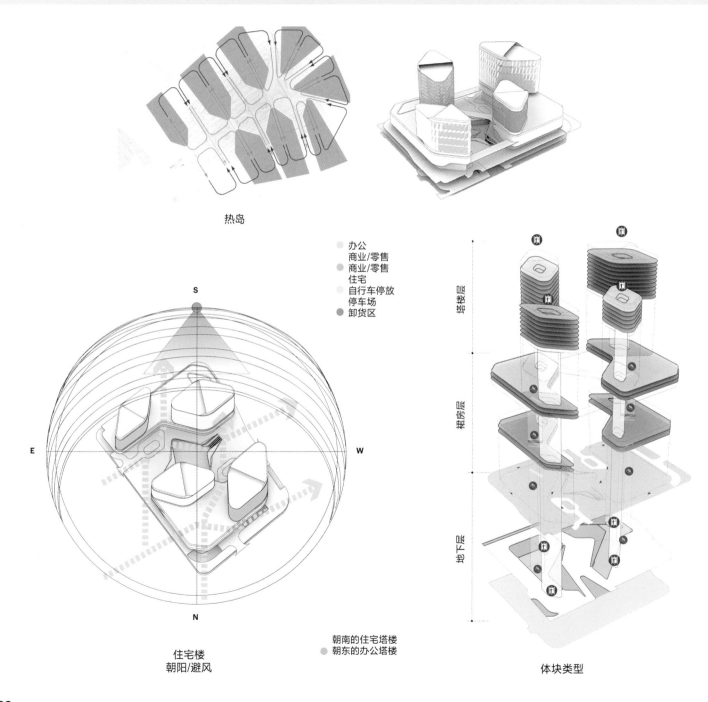

热岛

办公
商业/零售
商业/零售
住宅
自行车停放
停车场
卸货区

S
E
W
N

住宅楼
朝阳/避风

朝南的住宅塔楼
朝东的办公塔楼

塔楼层
裙房层
地下层

体块类型

研究项目：Osirys项目，与Osirys Consortium合作，进行中
Research Project – Osirys Project, with the Osirys Consortium, Ongoing

　　基于FP7对改善室内空气质量的要求，Osirys项目正在研究一种由生物复合材料组成的外墙和内隔墙的整体解决方案，用于建筑改造和新建。该项目联盟由18家公司组成，其中UNStudio作为两家科学和技术经理之一，负责提供待研究产品的基本要求，并审查研究进展。该项目的目标是，在生物复合材料的基础上，产生三种产品：室内隔断系统、复合板立面系统和幕墙立面系统。在此过程中，研究联盟正在研究消除挥发性有机化合物（volatile organic compound）、用于隔热的生物复合材料泡沫和软木填充，以及用于结构剖面的热固性生物复合材料等生物基材料和构件来改善空气质量。

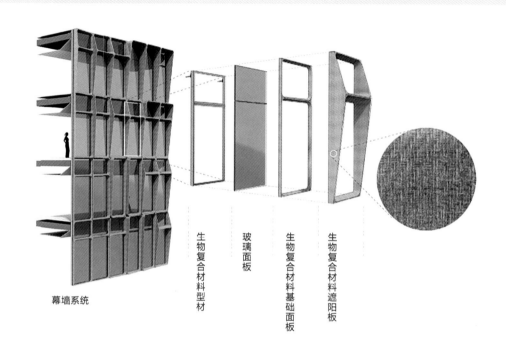

幕墙系统　　　　生物复合材料型材　　玻璃面板　　生物复合材料基础面板　　生物复合材料遮阳板

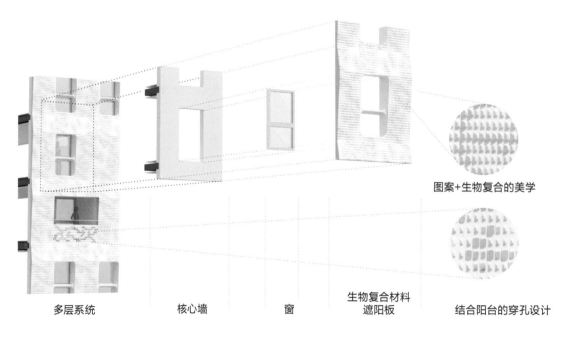

图案+生物复合的美学

多层系统　　　　核心墙　　　　窗　　　　生物复合材料遮阳板　　结合阳台的穿孔设计

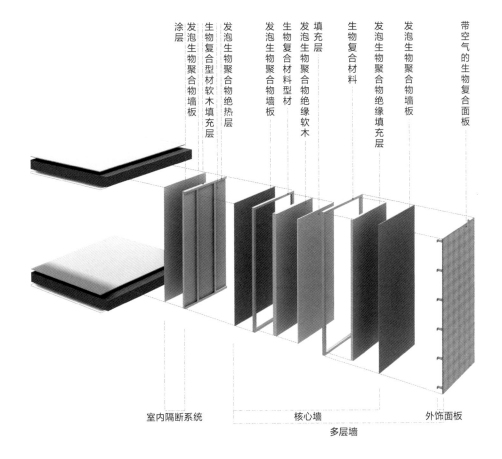

涂层
发泡生物聚合物墙板
生物复合型材软木填充层
发泡生物聚合物绝热层
发泡生物聚合物墙板
生物复合材料型材
填充层
发泡生物聚合物绝缘软木
生物复合材料
发泡生物聚合物绝缘填充层
发泡生物聚合物墙板
带空气的生物复合面板

室内隔断系统　　　　核心墙　　　　外饰面板

多层墙

整体立面解决方案的原型研究

连接的尺度

同尺度之间的空间通常是当代城市体验中最不明确的空间。在基础设施和建筑之间，在私人拥有的空间和公共空间之间，它通常是一个定义模糊的"无人区"。建筑师的一项重要任务是，在协调尺度、给空间引入易读性和突出标志性的同时，避免陷入无差异的城市化之中。这种剩余的、介于两者之间的、所有权模糊的空间是我们认为充满潜力的空间，因此寻求将其纳入我们的项目中。

即使项目没有明确地传达基础设施或城市的质量，这种方法也促使我们重新思考日益私有化的建筑项目如何能显示出对城市的慷慨态度。在商业项目中应努力将人与交通枢纽和市政设施连接起来，住宅大楼需要与周围环境进行对话，同时提供垂直的社会性规划——缩小规模并增强社交可能性。

贯穿所有这些项目始终的是一个认识，即组织城市尺度的节奏需要超越组织流线层面的思考，优先考虑特定的人群的体验。通过"连接的尺度"，我们可以生成融入文脉和与自然连接的建筑，同时又拥有不可否认的存在感。

流线的尺度

对一个地方进行细致入微的了解，是基础设施设计和校园设计的关键，这些设计能够产生超越自身边界的共鸣。实例和机会无处不在：机场变成了紧凑的反映整个文化的多模式终端，创造了新的区域发展的经济机遇；校园培育了社区；新的地铁系统可以在相隔万里的地区之间定义新的邻接关系。大规模的人员流动产生了从学术社区建设到区域转型的一系列影响。通过强大的系统性解决方案来管理这些流动，可以提高它们的影响范围和程度。

阿纳姆中央车站，阿纳姆，荷兰，1996—2015年
Arnhem Central Station, Arnhem, The Netherlands, 1996–2015

阿纳姆中央车站是各种城市功能的综合体，包括公共汽车和火车、地下停车场、交通隧道和办公综合体。在如此复杂的项目中，"连接的尺度"的应用首先关系到阿纳姆成为一个地方的、区域的和国际的重要基础设施和交通节点。这项市区重建计划以独特的设计手法，在多个车站组群内，尤其是在中央换乘终点站内进行。在这里，90000m³的总建筑体量和超过21000m²的建筑表皮都围绕着一个占据重要位置的中央"扭转"，那是一个巨大的屋顶元素，作为所有乘客的一个突出地标，也在体验上减少了航站楼的巨大规模。这里的桥梁以管理乘客人流的方式进行连接，同时也成为不同交通方式之间，市中心、Sonsbeek公园、停车场和办公大楼之间的连接枢纽。

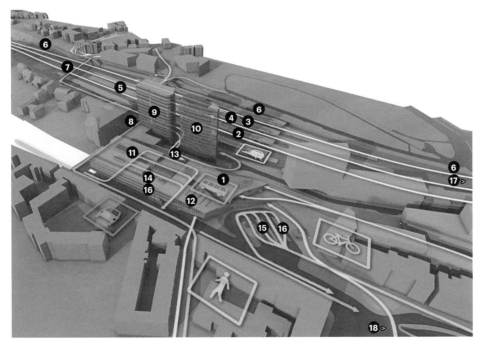

1 公共交通枢纽
2 站台
3 站台屋顶和通道
4 站台和公共座椅
5 服务大楼
6 挡土墙
7 桥
8 桥
9 K1塔楼
10 K2塔楼
11 K4办公楼
12 K5办公楼
13 高架办公广场
14 公共汽车站
15 无轨电车广场
16 地下停车场
17 Zijpse关口
18 威廉姆斯隧道

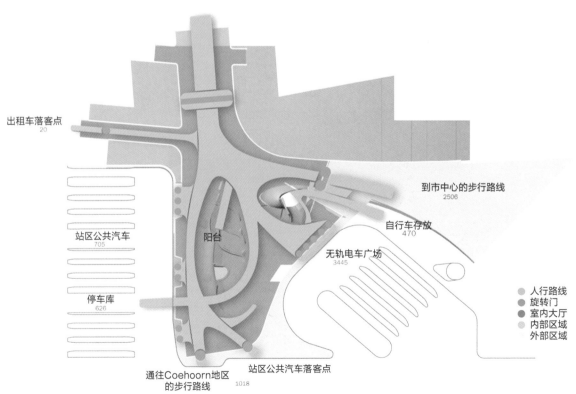

出租车落客点
20

到市中心的步行路线
2506

站区公共汽车
705

阳台

自行车存放
470

无轨电车广场
3445

停车库
626

通往Coehoorn地区
的步行路线
1018

站区公共汽车落客点

● 人行路线
● 旋转门
● 室内大厅
● 内部区域
外部区域

建筑师的一项重要任务是，在协调尺度、给空间引入易读性和突出标志性的同时，避免陷入无差异的城市化之中。

101 225 316 参见 269

卡塔尔综合铁路，多哈，卡塔尔，2012—2019年
Qatar Integrated Railway, Doha, Qatar, 2012–2019

　　将地铁网络和车站的所有技术和功能集成到一个连续的建筑表达中是卡塔尔综合铁路设计的核心目标。在卡塔尔铁路的要求和赞助下，这一表达方式被记录在一套设计准则中，这些准则制定了整体的网络识别系统，然后将其分解为单独的线路识别系统和车站识别系统。不同的建筑细节和材料选择组成了不同楼层的多样性和流线的尺度，确保了一致的空间质量，并使整个铁路网清晰。当你在不同的车站之间穿行时，这种体验就像是在城市基础设施中经历了一段千变万化的旅程，尽管如此，它始终保持着独特、惊喜和兴奋的瞬间。

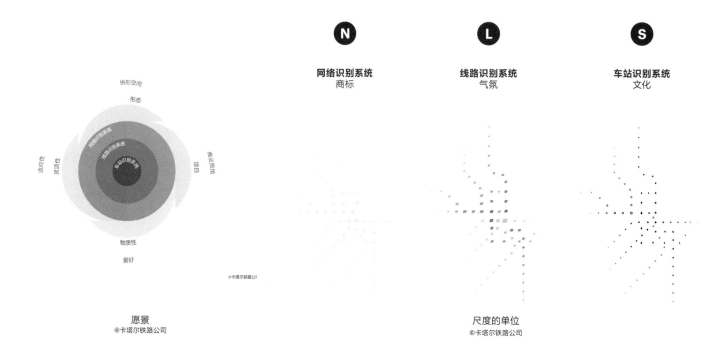

愿景
©卡塔尔铁路公司

尺度的单位
©卡塔尔铁路公司

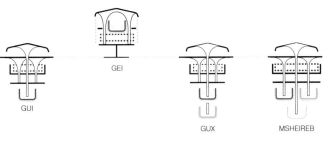

GEI

GUI

GUX

MSHEIREB

灵活性
©卡塔尔铁路公司

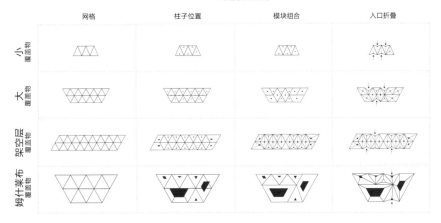

	网格	柱子位置	模块组合	入口折叠
小 覆盖物				
大 覆盖物				
架空层 覆盖物				
姆什莱布 覆盖物				

车站尺度变化的系统
©卡塔尔铁路公司

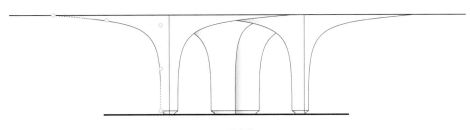

形态学
©卡塔尔铁路公司

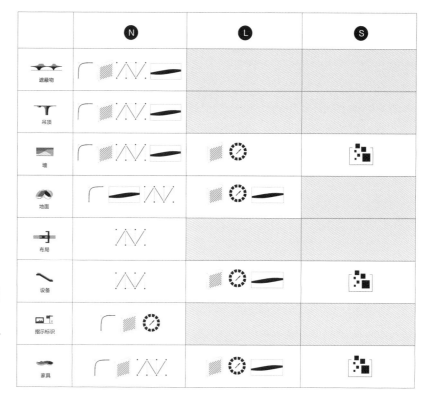

跨尺度的单位矩阵
ⓒ卡塔尔铁路公司提供

SOHO海伦广场，上海，中国，2011年
SOHO Hailun Plaza, Shanghai, China, 2011

海伦广场位于两条地铁线路的交会处。公共广场相互交织，并与地铁入口相结合。坐落在通勤人流中，建筑组织了不同尺度的户外空间，为各种城市活动提供了平台。路径和人流的信息塑造了建筑体量。其展馆被设计成一系列相互连接的体量，与中心的公共广场相连，并直通地铁站。延伸的展馆和裙房平台在地铁上架起桥梁，形成一个建筑体量，而对角的轴线成为休闲娱乐大道：一条内部街道，户外座位、表演和售货亭形成了高层塔楼和展馆之间的活跃联系。中国传统的公共路径和私密路径相交织的城市网络形成了流线设计的指导理念。这种方法在不同的零售点之间产生联系，并与邻近街道连接起来，形成了具有独特的公共氛围的聚落式零售体验。

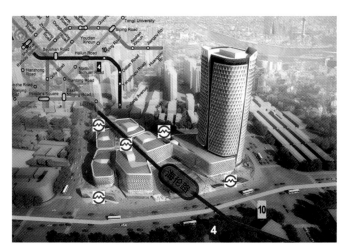

地铁连接

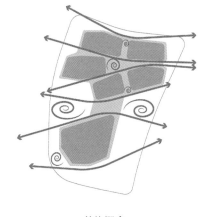

总体概念

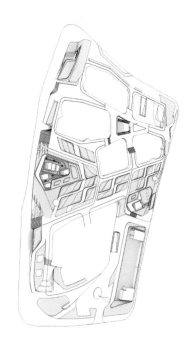

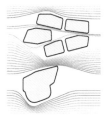

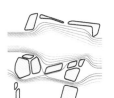

体量   外部路径   内部路径

体量和路径概念图   顶视图

尺度控制

　　具体尺度促进了建筑物多个组成部分与城市环境之间更为敏感的整合。在将一个方案加入现有的城市框架时，了解新的方案如何与既有城市产生共鸣是很重要的。住宅塔楼不是作为沉默的生成物而存在的，而是通过对其内部邻里社区的清晰解读变得活跃起来，剧院的精确尺度可以对其环境产生再生效应，并鼓励社区建设。通过这种方式，尺度控制的精确表达打开了与使用者对话的可能性，并影响深远。

卡纳莱托大厦，伦敦，英国，2011—2016年
The Canaletto Tower, London, England, 2011-2016
　　卡纳莱托大厦的立面处理采用单纯的对比，并充分利用其在伦敦市的显赫位置。相邻的低层建筑集群被组合在一起，创建了独特的垂直社区，引入了对住宅塔楼而言非典型的尺度。即使从远处，每个居民也都能在其中识别住宅的位置；近距离观察时，则可以看到精心策划的材料组合，在粗糙和光滑之间进行对比，以强调"框架"策略。在卡纳莱托大厦，"连接的尺度"是一种将材料处理和建筑形式相结合的策略，以协调邻里、塔楼和城市环境。

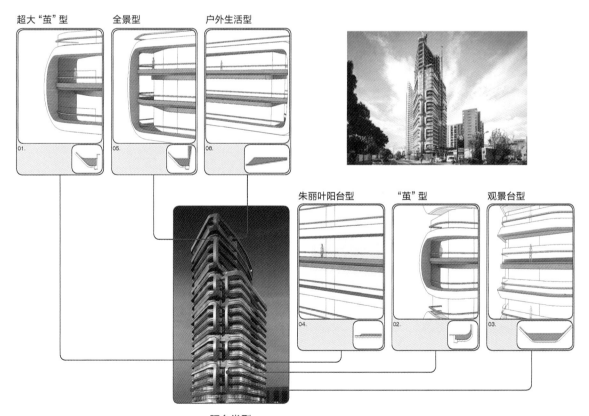

阳台类型

斯科特大厦，新加坡，2010—2016年
The Scotts Tower, Singapore, 2010-2016

斯科特大厦的设计符合四种住宅单元类型的要求——城市跃层（loft）单元、城市景观单元、城市公园单元和天空公园单元。这些不同的住宅类型在立面上都有不同的外观，使建筑的功能组成清晰可见。为了将这些类型融合在一起，塔楼应用了"垂直城市"的概念。"连接的尺度"应用是通过定义塔楼内部的"城市""邻里"和"家庭"尺度来进行的。这三种尺度作为架构元素，通过框架的使用而得到整合。除了框架外，低层的"天空框架"和第25层的"天空平台"也定义了社区。它们共同构成了塔楼的公共空间和绿色区域。

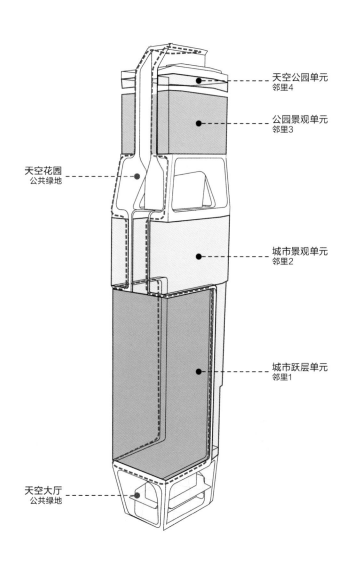

天空公园单元
邻里4

公园景观单元
邻里3

天空花园
公共绿地

城市景观单元
邻里2

城市跃层单元
邻里1

天空大厅
公共绿地

邻里社区组织

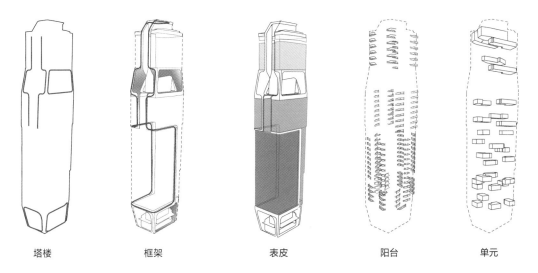

| 塔楼 | 框架 | 表皮 | 阳台 | 单元 |

卢森堡世博会展览中心和克什伯格站，卢森堡，2010年
Luxexpo Exhibition Centre and Kirchberg Station, Luxembourg, 2010

在基地上建造的新城"极点"由三个主要元素来表达：新的克什伯格站、换乘站和重新设计的展览中心。该设计创造了一个统一的城市结构，在这个结构中，所有元素作为一个整体协同工作，而不会失去它们在规划法规、地块所有权和影响区域方面的灵活性。这种设计不是孤立和分割不同的元素，而是提出了一种完整的方法，其结果是建造出一种新型的高性能建筑，它综合了多种基础设施和公共元素。这种建筑设计的组织方式有三个战略原则：主要体量的东西向轴线、主要元素的可达性和入口位置，以及聚集人流和分散人流的空间。

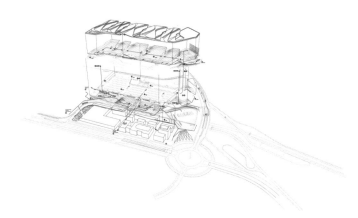

爆炸图

国际投资广场，北京，中国，2009年
International Investment Square, Beijing, China, 2009

　　北京国际投资广场总体规划中的建筑分为两类，即低层建筑和高层塔楼。城市设计采用各种形状和大小的环形建筑类型，每个建筑围绕着一个内部庭院。建筑分布在三个不同但相互关联的街区。每一块街区都被再次细分，以提升私密性并彰显个性。第三层由半公共庭院引入围合的街块内部。因此，总体规划至少呈现出公共、社区和私人空间的三种不同层次，以确保生活和商业的和谐结合。

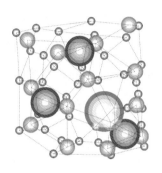

所有关系和联系的网络

运动网络

建筑区块的可辨别性

智能参数平台

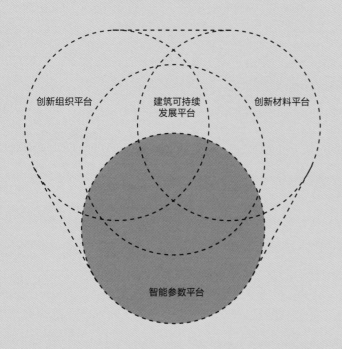

创新组织平台　　建筑可持续　　创新材料平台
　　　　　　　　　发展平台

智能参数平台

282　建模信息

283　软BIM

286　硬BIM

292　超越参数化

293　控制机制

304　几何形体优化策略

310　环境分析

316　数字制造

"智能参数平台"是计算技术快速发展与建筑学学科关注不断发展之间的交叉学科。能实现这种交叉的关键在于，我们认为建筑本质上是一些关系，而计算工具提供了一种衡量、观察和发明这些关系的方法。

　　我们通过开发定制软件来促进对于设计要点的批判性理解，然后通过软件对其进行翻译和合理化，该软件可以部分自动地与外部共享项目数据。

　　因此，智能参数平台将内部实验与外部协作联系起来，在设计和施工过程中实现与其他独立系统之间的更大的一致性。它通过量化的方法，引出并激活了塑造建筑环境的主导力量，为日益扩大和多样化的领域带来持续性。因此，智能参数平台是一个持续的项目，致力于技术和概念之间复杂和相互依赖的演变过程。

建模信息

当代建筑实践中无处不在的计算已经超越了形式的生成和控制。事实上，计算的影响和范围已经在内部修改了设计流程，同时实现了与外部各方更有效的沟通和协调。无论是通过专有软件或定制软件，还是单个代码，计算的潜力在于通过使用关联数据跨越多个学科进行设计交流的灵活性。嵌入数字模型中的信息与代表物理对象的几何形状具有同等重要性——这意味着我们实际上是"建模信息"。

对建模信息的灵活态度避免了对单一软件平台的依赖；相反，我们会进行流程设计，以特定的方式管理数据。这种建模信息的方法可以分为两个不同类别：软BIM（softBIM）和硬BIM（hardBIM）。软BIM的使用涉及开发软件和定制软件。它是一种开源的工作模式，可以在项目早期阶段快速分析几何性和非几何性的项目数据。在更加高等的阶段，硬BIM允许项目的各投资方使用共同的语言，使一致和差异更加透明化。如果后一个过程确保了概念的发展与客户的广泛关注一致，那么前者就需要更精确的综合来满足所有各方的意见。综合来说，这促进了一种方法，即建模信息的策略与一种知识工具的核心相一致：可达性。这样可以在设计的过程中实现更好的控制和灵活性，并使设计意图、施工成本和数据之间联系更为紧密。

软 BIM

软BIM的使用涉及开发软件和定制软件。它是一种开源的工作模式，可以在项目早期阶段快速分析几何性和非几何性的项目数据。

V on Shenton，新加坡，2010—2016年
V on Shenton, Singapore, 2010-2016

该建筑立面上的V形单元采用多面、多纹理和多尺度元素，以实现不规则和随机的效果。六角形模块充当底层框架，控制它会给立面带来变化和个性。这些效果是由材料透明度的变化、几何化玻璃节点会打断光线反射、打破组件的尺度来实现的。为了管理这种复杂性，设计团队开发了一个"工作流"，以便能够从中心位置编辑一组有限的立面组件，然后将其在整个围护结构上进行注册编码，进而将这些组件与自定义工具混合匹配，以模拟随机性。软BIM被用作控制外观的灵活方法，其中电子表格则作为设计驱动程序的控制和汇报工具，以电子表格的格式设置简单的标高参数以控制不同元素的实现，允许从该设计模型自动生成图纸。

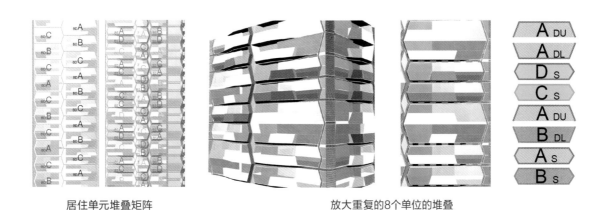

居住单元堆叠矩阵
下部塔楼

放大重复的8个单位的堆叠

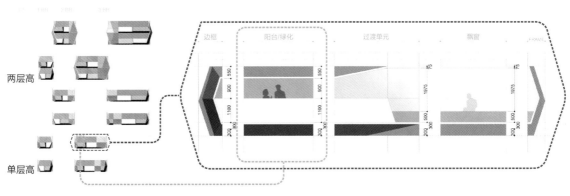

两层高

单层高

框架范围

Rhino-Excel 脚本

单个立面组件

框架
−铝盖板和涂层不锈钢框架带来了图案并提供立面照明

玻璃
−气候界面
−供应链围护、效果和环境性能

幕墙框架
−利用龙骨来支撑办公室外壳的设计和性能

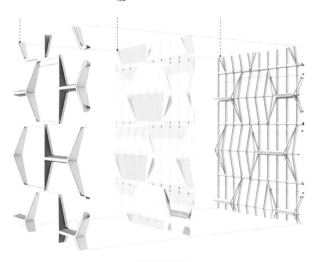

材料爆炸图

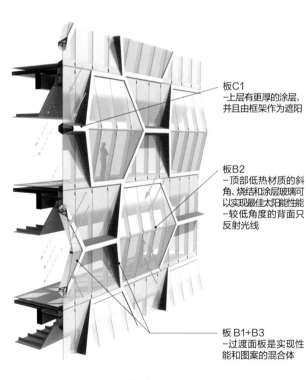

板C1
−上层有更厚的涂层，并且由框架作为遮阳

板B2
−顶部低热材质的斜角、烧结和涂层玻璃可以实现最佳太阳能性能
−较低角度的背面只反射光线

板 B1+B3
−过渡面板是实现性能和图案的混合体

环境立面

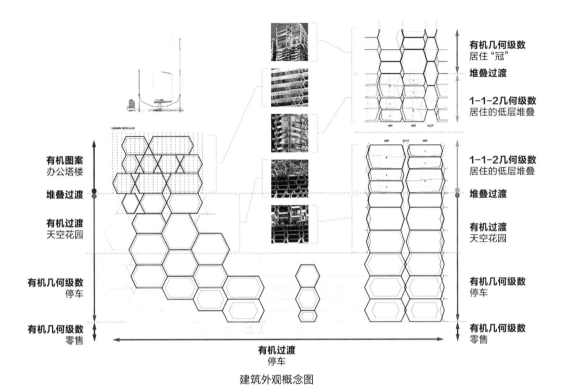

有机几何级数
居住"冠"

堆叠过渡

1-1-2几何级数
居住的低层堆叠

有机图案
办公塔楼

堆叠过渡

有机过渡
天空花园

有机几何级数
停车

有机几何级数
零售

1-1-2几何级数
居住的低层堆叠

堆叠过渡

有机过渡
天空花园

有机几何级数
停车

有机几何级数
零售

有机过渡
停车

建筑外观概念图

硬 BIM

硬BIM允许项目的各投资方使用共同的语言，使一致和差异更加透明化。

教育局和税务局大楼，格罗宁根，荷兰，2006—2011年
Education Executive Agency and Tax Offices, Groningen, The Netherlands, 2006-2011

　　该项目中使用了Bentley Architecture MicroStation®V8 XM的BIM功能。 具体而言，特别在模型中创建了一个框架来输入和跟踪各种规格。这些输入不断与设计意图进行比较，将项目保持在规定的预算范围内。该模型还用于测试变化。 立即生成的附带数据可以就不同方案的经济性和建设可行性做出快速的选择。 设计中还开发了用于成本估算和材料算量的综合模型。BIM使精确确定每个楼板的周边条件、形状和尺寸成为可能，并进一步生成碰撞检测以了解结构和空调系统的整合情况。

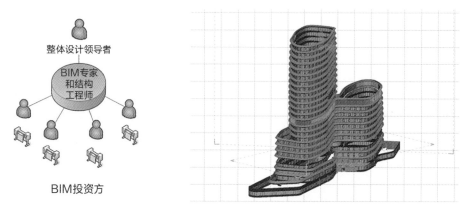

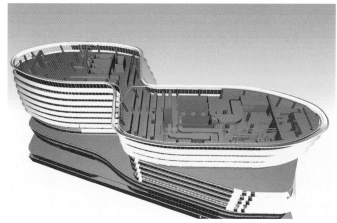

计算的潜力在于通过使
用关联数据跨越多个学科进
行设计交流的灵活性。

参见 287

阶梯剧院，斯派克尼瑟，荷兰，2008—2012年
Theatre de Stoep, Spijkenisse, The Netherlands, 2008-2014

　　这个剧院是UNStudio最早使用硬BIM的项目之一。在结构工程师、剧院顾问和安装顾问的合作下，设计了一种通用的语言和程序，以便使得不同形式的模型信息之间能快速协同。在项目的早期阶段，该模型得到了充分的应用，能够进行碰撞检测，同时确保所有的三维细节都是可识别、可编辑的。在总承包商VORM Bouw中标之后，向完全整合的BIM又迈出了一步。这个装配BIM模型（施工阶段）是由IOB与UNStudio和承包商紧密合作开发的，可以减少总体成本并对具体成本进行微观控制。业主斯派克尼瑟市政府，对于完整的BIM设计过程提出了要求，这一点发挥了至关重要的作用。随后，完整的BIM模型将用于剧院的持续维护和管理。

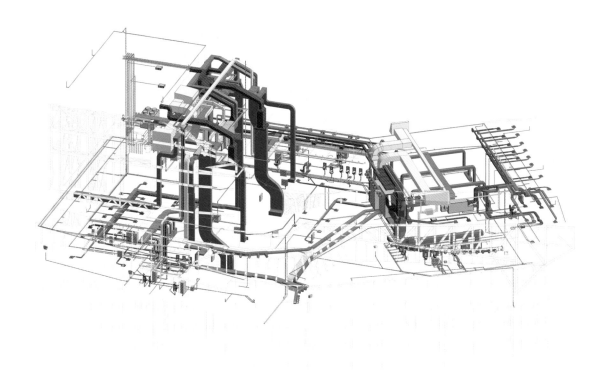

机电安装

来福士广场，杭州，中国，2008—2016年
Raffles City, Hangzhou, China, 2008-2016

这个多功能住房项目面积近40万m²，建设内容包括零售、办公、酒店和SoHo公寓。为了将所有功能结合在一起，建筑体量被设计成以一种流畅的姿态从办公室塔楼过渡为公寓。项目管理和控制所涉及的大量数据需要一个集成的设计解决方案，其中包括复杂进度控制、规模控制、可持续性目标、社会和经济约束，以及属地化建造工法。为了解决这些复杂的需求，盖里科技数字项目（Gehry Technologies Digital Project）作为一个能够存储复杂几何图形和大型数据集的软件平台，被用于构建信息模型。同时，我们在Rhinoceros 3D中使用了一个更加简化的轻量级三维模型。这是为了有一个更具延展性和易于适应的设计模型。通过定制和合并Grasshopper®、Rhinoscript和Digital Project软件功能，设计模型能够在推动项目前进的过程中始终保持中心地位——汇集更多的参数信息，从而实现更简单、更高效的设计解决方案。

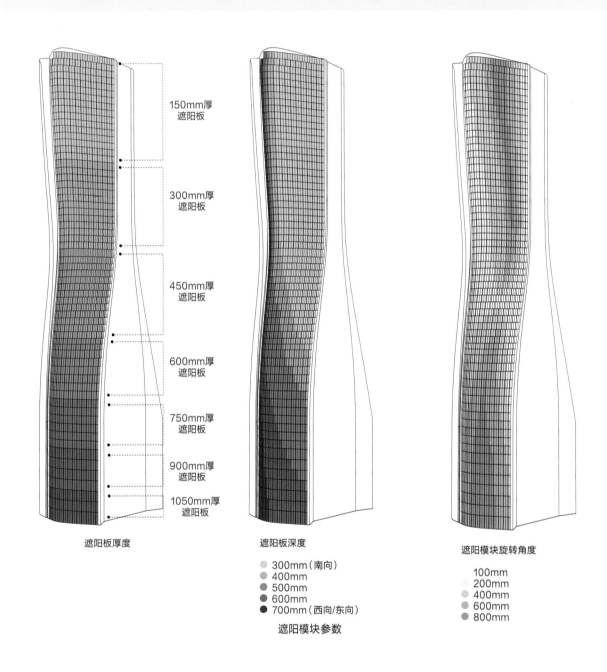

150mm厚遮阳板
300mm厚遮阳板
450mm厚遮阳板
600mm厚遮阳板
750mm厚遮阳板
900mm厚遮阳板
1050mm厚遮阳板

遮阳板厚度

遮阳板深度

○ 300mm（南向）
○ 400mm
● 500mm
● 600mm
● 700mm（西向/东向）

遮阳模块参数

遮阳模块旋转角度

100mm
200mm
○ 400mm
● 600mm
● 800mm

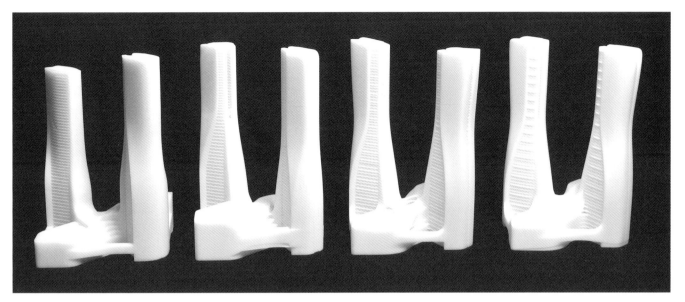

塔楼的演变

超越参数化

　　"超越参数化"的思考将参数化方法的关联从对特定软件平台的依赖和对孤立几何学的关注中解脱出来。相反，参数本身是衡量项目概念清晰度的价值体系的代表。UNStudio的早期项目通过图解接近参数化过程的灵活性。在这种情况下，概念模型成为图解的基础，图解充当了项目开发的衡量标准和参考点。在后面的项目中，我们采用了新的流程——使用更为复杂的四种核心参数：

- "智能建模"致力于通过操纵一些基本参数来更新数字模型；
- "几何优化"开发出更高效的形式语言以实现核心概念；
- "环境分析"可以在早期设计阶段进行，严格地为设计意图提供参考信息；
- "数字制造"促进了对数字模型可能性与材料建造之间关系的新认识。

　　综合考虑，这些策略可以自行找到设计意图与可测变量之间的关联，而不会轻易宣称实现了闭环。

　　考虑到参数化思维的未来作用，我们期望能够使参数化变成更加直观的工具，实现更复杂的参数组合，以更易于访问的方式为项目开发提供信息——参数化将被理解为知识工具。

控制机制

项目特定控制机制的开发允许在早期设计阶段进行更严格的探索，以满足并预测项目后期的严格要求。在以下项目中，我们开发了这些机制，作为软件平台和项目需求之间的交流工具，能够从简单的控制点构建和管理复杂性。

LIGHT*HOUSE, 奥胡斯, 丹麦, 2007—2013年
Light*House, Aarhus, Denmark, 2007-2013

我们为Light*House项目设计了几何立面元素的矩阵，代表了栏板、遮阳设备、阳台和窗户等组件，开发了excel表格来表示所有建筑和立面，从而更好地控制这些组件的放置。为了综合几何和构造数据之间的关系，我们开发了一个自定义工具来将Excel工具表链接到三维模型中各种元素的位置。此链接界面允许对几何和材料算量表进行即时更新。

01	02	03	04	05	06	07	08	09	10
二维	二维	二维	二维	二维	二维	二维-对角线	二维-对角线	二维-对角线	二维
水平	水平	水平	对角线	对角线	对角线	栏板-遮阳	栏板-遮阳	遮阳-栏板	水平-对角线
栏板	遮阳	栏板	栏板	栏板-遮阳	栏板-遮阳	高度+0.9m/	高度	高度+0.9m/	遮阳-栏板
高度+0.9m	高度-0.3m	高度+2.2m	高度+0.9m/+2.2m	高度+0.9m/	高度+0.3m/	−0.3m	+0.3m/+0.9m/	−0.3m	高度+0.3m/
				−0.3m	−0.3m		−0.3m		−0.3m

01.1	02.1	03.1	04.1	05.1	06.1	07.1	08.1	09.1	10.1
三维	三维	三维	三维	三维	三维	三维	三维	三维	三维
水平	水平	水平	对角线	对角线	对角线	水平-对角线	水平-对角线	水平-对角线	水平-对角线
栏板	遮阳	栏板	栏板	栏板-遮阳	栏板-遮阳	栏板-遮阳	栏板-遮阳	遮阳-栏板	遮阳-栏板
高度+0.9m	玻璃栏板	高度+2.2m	高度	高度+	高度+0.3m/	高度+0.9m/	高度+0.3m/	高度+0.9m/	高度+0.3m/
	高度-0.3m		+0.9m/2.2m	0.9m/−0.3m	−0.3m	−0.3m	+0.9m/−0.3m	−0.3m	−0.3m

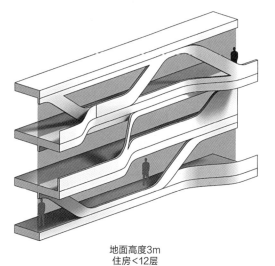

地面高度3m
住房<12层

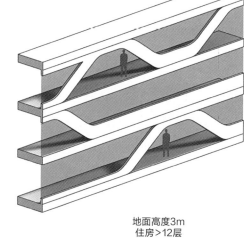

地面高度3m
住房>12层

立面模型

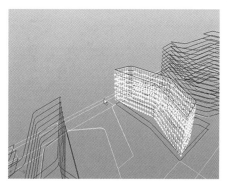 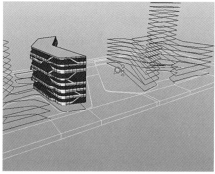 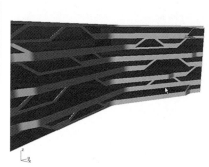

明治通、表参道项目，东京，日本，2008年
Omotesando, Meiji Dori, Tokyo, Japan 2008

　　表参道项目是由相互编织的外立面元素连接在一起，形成一个三维的、连续的网状结构。立面由七种板组成，其尺寸、深度、开放和封闭的比例各不相同，可以满足室内的需求。由此产生的编织效果和单元之间的流畅过渡需要定制工具来控制单元的放置。该工具使用灰度图像，允许通过操纵图像编辑软件中的灰度值来控制立面。该工具逐像素地读取图像的灰度，并将这些灰度映射到瓦片的数量上（浅灰色=单元1，深灰色=单元7）。这种方法提供了一种与三维模型交互的新方法，并通过随后的各种项目进化发展。

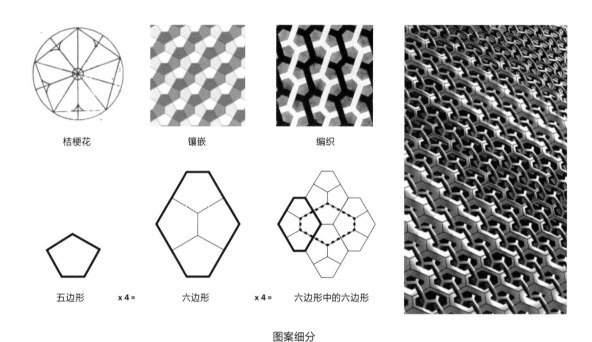

图案细分

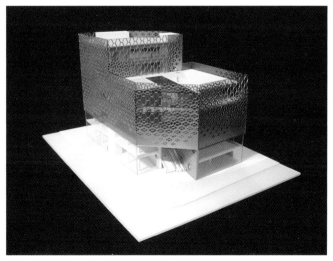

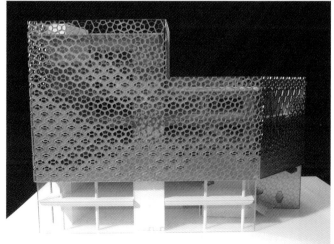

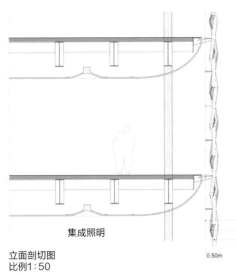

集成照明

立面剖切图
比例1:50

照明构造

玻璃
灯具
超高性能
混凝土

0.50m

	H	A	B	C		D	E	F		G H
7F		餐饮		餐饮		阳台				
6F		餐饮		餐饮		屋顶平台				
5F		餐饮		餐饮	餐饮		阳台	餐饮		
4F		商店		商店	商店	城市中庭		商店		
3F		商店		商店	商店		阳台	商店		
2F		旗舰店		旗舰店	旗舰店	入口	旗舰店	旗舰店		
1F		旗舰店		旗舰店	旗舰店	旗舰店	旗舰店	旗舰店		
B1F		旗舰店		旗舰店						

紧急电梯　　疏散楼梯　　电梯　　　　　　　　　　　疏散楼梯

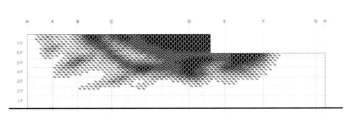

立面展开图（程序、开启扇密度及板的排列）

虚拟工程中心，斯图加特，德国，2006—2012年
Centre for Virtual Engineering (ZVE), Stuttgart, Germany, 2006-2012

　　虚拟工程中心的参数化创新是通过建立最佳程序群来实现的。该程序群鼓励居民之间的互动，同时尊重程序特性的需要。为了实现这一目标，项目需求被翻译成excel表单并链接到参数化关联软件，实现了电子表格与功能规划之间的双向工作。除了每个规划功能的面积和高度之外，其所需的与其他空间的相邻关系也被考虑进模型中。结果是，0°冰冻空间、实验室、图书馆以及它们与员工和访客的预想路径的关系可以用一种灵活的、反馈性的方式来设计与测试。

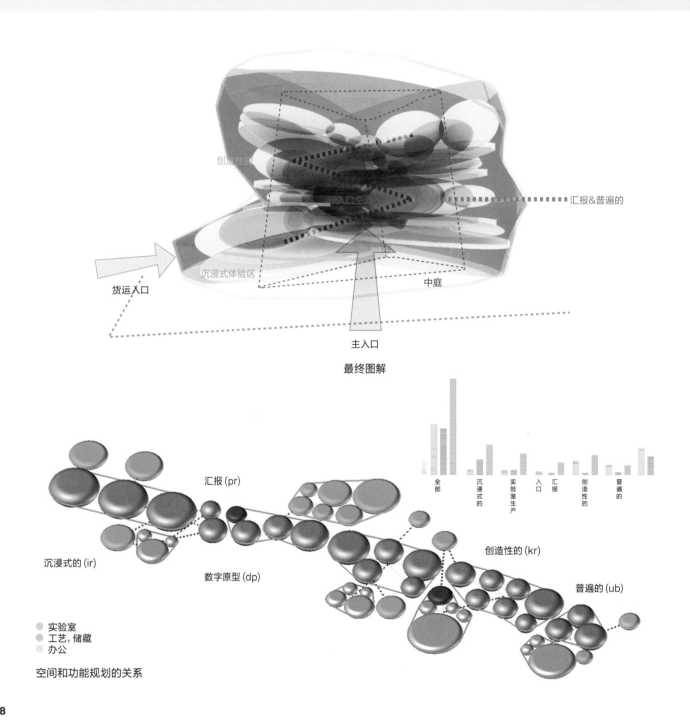

最终图解

空间和功能规划的关系

189 235 参见 299

TWOFOUR54区块，阿布扎比，阿联酋，2009年
TWOFOUR54 Zone, Abu Dhabi, UAE, 2009

在这个60万m²的媒体区，为了控制塔楼的几何形状，并在整个设计阶段保持对设计的控制，有必要开发一个参数化模型。在竞赛之后，我们立即开发了参数模型，可以在很短时间内提供多种配置方案。即使是在概念的早期阶段，该模型也可以执行多项测试。尤其包括使用不同楼层数、立面倾斜度和宽度等参数的建筑面积计算，这些参数又都基于从核心筒到立面的最小允许距离。该模型是随着项目进展而开发的。参数随着项目的推进逐步增加，在比例、建筑规范、功能要求和数据输出方面提供了更多的控制和灵活性。使用参数模型的主要优势之一是结构的集成化。通过将柱子归纳成网格控制线，可以与工程师进行便捷的交流，并且可以轻松地将修改集成到所有塔楼中。

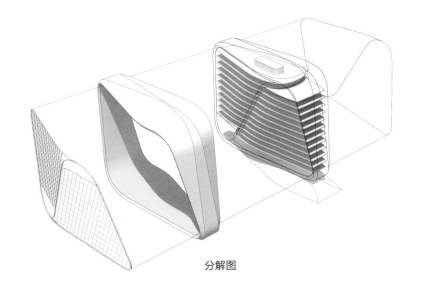

分解图

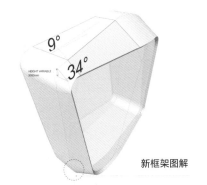

新框架图解

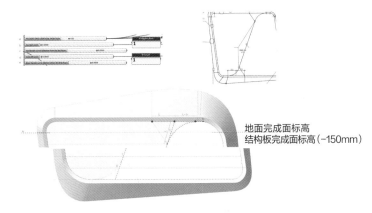

地面完成面标高
结构板完成面标高(−150mm)

塔楼几何形体的优化

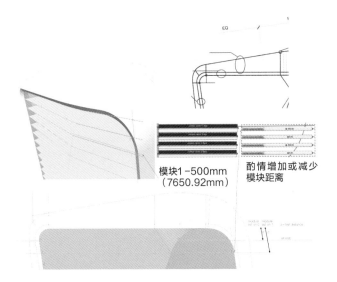

模块1 −500mm
(7650.92mm)

酌情增加或减少
模块距离

角部的倒角基于边线和顶线交点之间的距离,并且考虑到结构板的选择

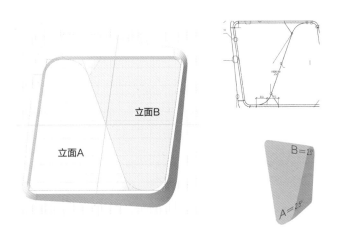

立面B

立面A

塔楼E1立面A和立面B的倾斜角度为2.5°。在这种情况下,扭转以
立面为中心,扭转倾斜遵循地面模块

塔楼E1的图解

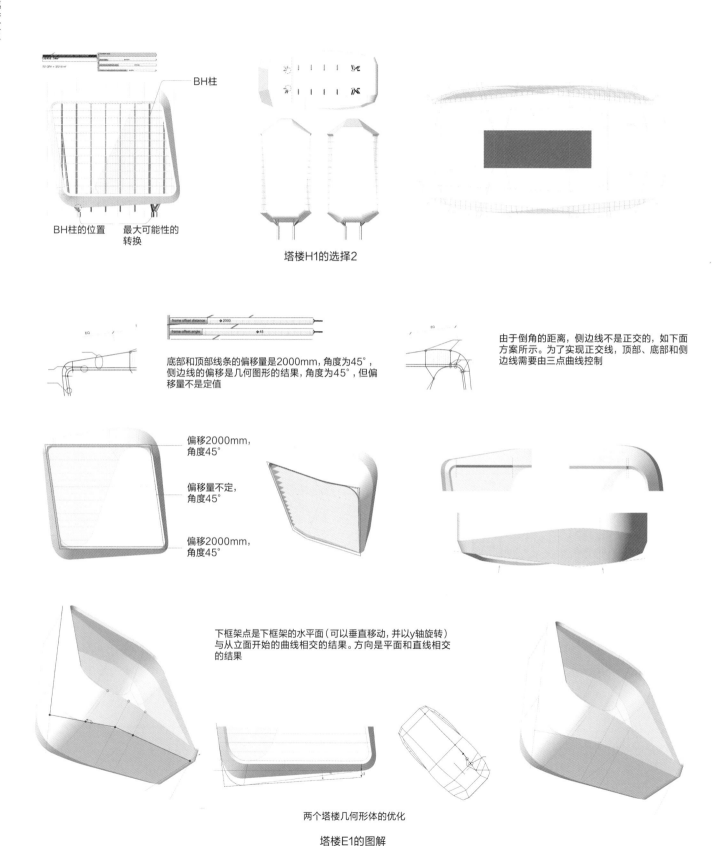

BH柱

BH柱的位置　　最大可能性的
　　　　　　　转换

塔楼H1的选择2

底部和顶部线条的偏移量是2000mm，角度为45°，
侧边线的偏移是几何图形的结果，角度为45°，但偏
移量不是定值

由于倒角的距离，侧边线不是正交的，如下面
方案所示。为了实现正交线，顶部、底部和侧
边线需要由三点曲线控制

偏移2000mm，
角度45°

偏移量不定，
角度45°

偏移2000mm，
角度45°

下框架点是下框架的水平面（可以垂直移动，并以y轴旋转）
与从立面开始的曲线相交的结果。方向是平面和直线相交
的结果

两个塔楼几何形体的优化

塔楼E1的图解

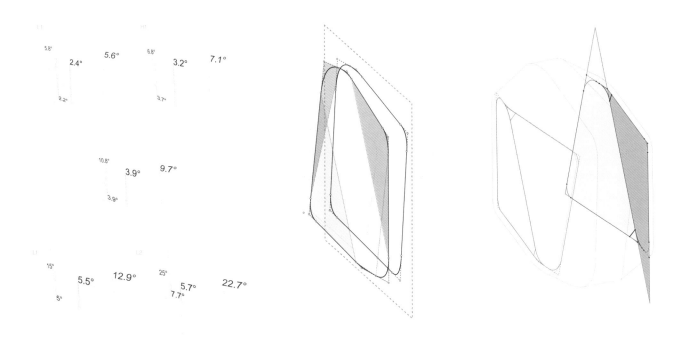

最小的外部框架标高是以内部框架标高来确定的 ③

框架的转折角度 ②

最大核心/框架距离

核心和立面的最小距离 ⑦ ⑧

构架顶部角度可变 ①

最小框架高度不同 ⑨

典型楼面的区域

角点与网格点相关，网格距离不同 框架顶部角度不同 ⑨ ⑩ ⑪

塔楼高度不同 ⑥

④

⑤ 最小的框架侧边距

⑫

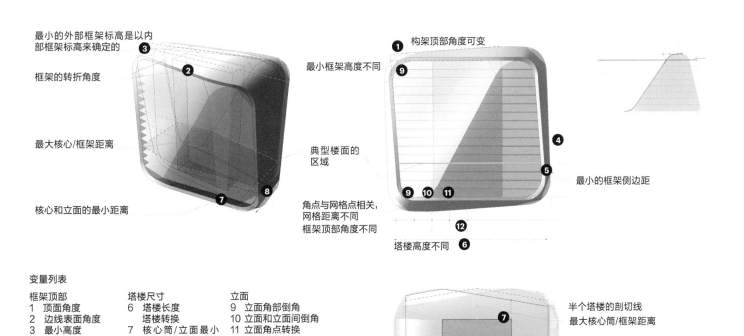

半个塔楼的剖切线
最大核心筒/框架距离 ⑦

变量列表

框架顶部
1 顶面角度
2 边线表面角度
3 最小高度
4 框架侧边
5 顶面角度
6 最小高度

塔楼尺寸
6 塔楼长度
　塔楼转换
7 核心筒/立面最小距离
8 较短边的长度
　顶面角度
　最小高度
　核心筒的尺寸

立面
9 立面角部倒角
10 立面和立面间倒角
11 立面角点转换
12 网格距中心的距离

两个塔楼几何形体的优化
变量方案

几何形体优化策略

测试结构、材料和财务公差的迭代过程定义了我们的"几何形体优化策略"。以下过程探索了使工作简化和合理化的方法，虽然实际上这些方法增强了项目技术上和体验上的复杂性。

舞蹈宫，圣彼得堡，俄罗斯，2009年至今
Dance Palace, St. Petersburg, Russia, 2009 to present

舞蹈宫的立面体现了从街区到物体、从静态的立体功能规划到开放的流通姿态的建筑理念。通过在立面中引入渐变的运动感、开启与闭合的角度变化，使建筑在简单的体量和充满流动性的开放入口之间摇摆。微妙的穿孔图案使建筑的功能透明化并清晰地表达出内部流线的组织，并作为尺度和韵律的提示。舞蹈宫的立面是通过两个相互关联的三角形面板系统组合而成：一个系统是不透明板搭配各种尺寸的凹槽，另一个系统是透明板，可以提供不同尺寸的玻璃孔。引入优化策略将板统一成等边三角形。为此，我们在Processing中编写了一个计算程序，可以尽可能地使这些三角形相等，同时与设计的曲面板有偏差。立面的灵活性是通过三角板之间接缝的细节来实现的，其最终测试项目是建筑物外立面上重要转角线的平滑连接。

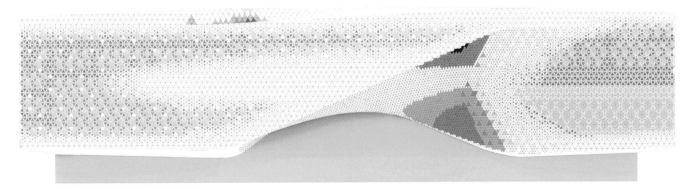

南立面

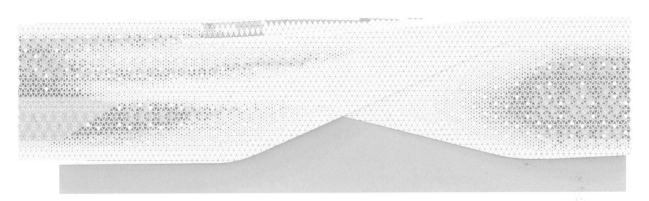

北立面

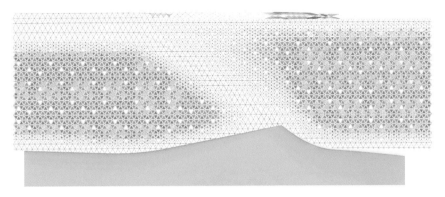

西立面

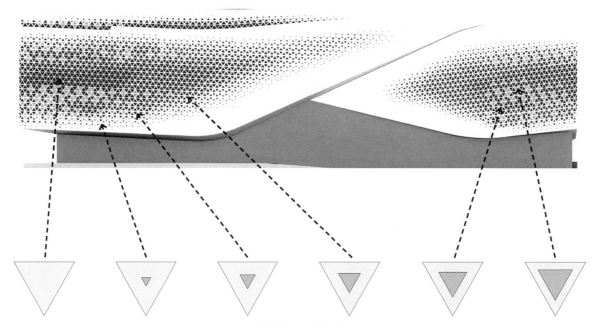

面板透明度的变化

我们期待参数化工具能提供更加直观的接口，可以将更为复杂的参数组合编码进项目中。

汉街万达广场，武汉，中国，2011—2013年
Hanjie Wanda Square, Wuhan, China, 2011-2013

　　汉街万达广场内部两个中庭的空间和结构由两个与天窗一体化的"漏斗"来定义，同时还结合了景观电梯。这些"漏斗"采用玻璃覆盖，图案复杂。为了解决"漏斗"的结构问题，我们与结构工程师建立了优化循环。所有钢构件的几何形状都是参数化定义的，因此可以在工程师和设计团队间测试、评估，交换荷载分析、结构计算和设计意图。对于玻璃，UNStudio提供所有1300片玻璃三角形的制造信息，不仅包括玻璃的几何形状，还包括印刷图案的数据——这需要建立工作流程将印刷图案与"漏斗"和玻璃片复杂的几何形状相匹配。

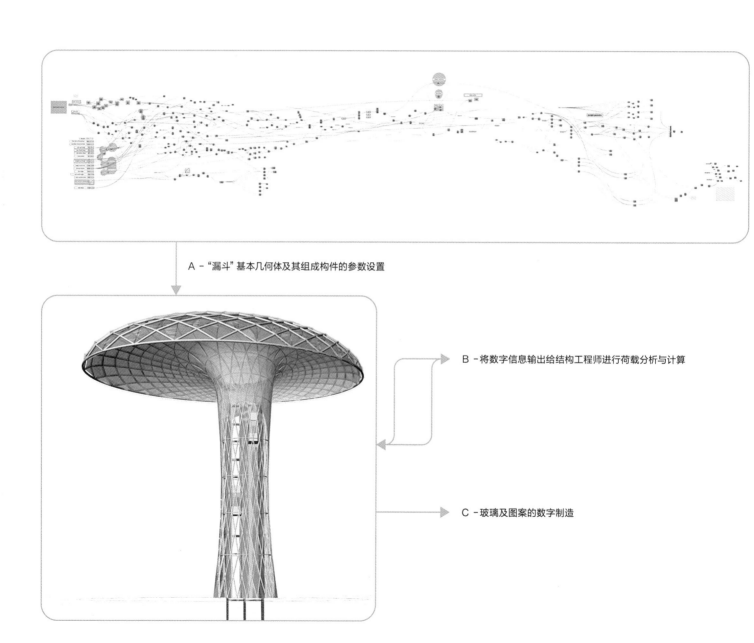

A -"漏斗"基本几何体及其组成构件的参数设置

B -将数字信息输出给结构工程师进行荷载分析与计算

C -玻璃及图案的数字制造

环境分析

以下项目的立面表达是通过多个相互关联的系统来实现的。这些系统的处理方法、比例和性能直接影响环境分析。由此产生的立面系统显示出一种引人入胜的复杂性。这种复杂性源于对其基本参数的简单操作。以下建筑不传达无声的统一性，它们希望更准确地表达并回应塑造其环境的气候力量。

水边塔楼，汉堡，德国，2010年
Waterfront Towers, Hamburg, Germany, 2010

塔楼的体量被晶体状的立面肌理覆盖，"晶体"的几何形由九种基本元素构成，它们从开放到封闭的比率反映了对热负荷的分析。因此南、西、东立面的透明度比北立面更高。为了考虑太阳角度同时优化人的视野，这些立面元素被赋予不同的深度。位于建筑立面较高位置的那些元素拥有更大的深度，可以遮挡阳光直射，同时保持视野畅通无阻。

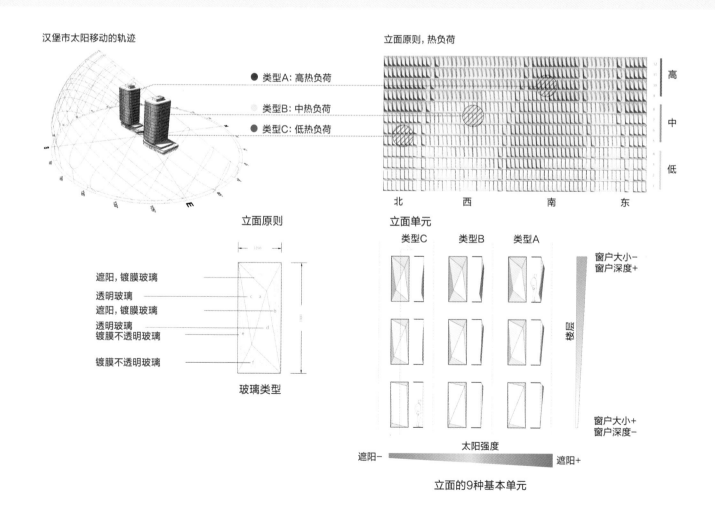

立面的9种基本单元

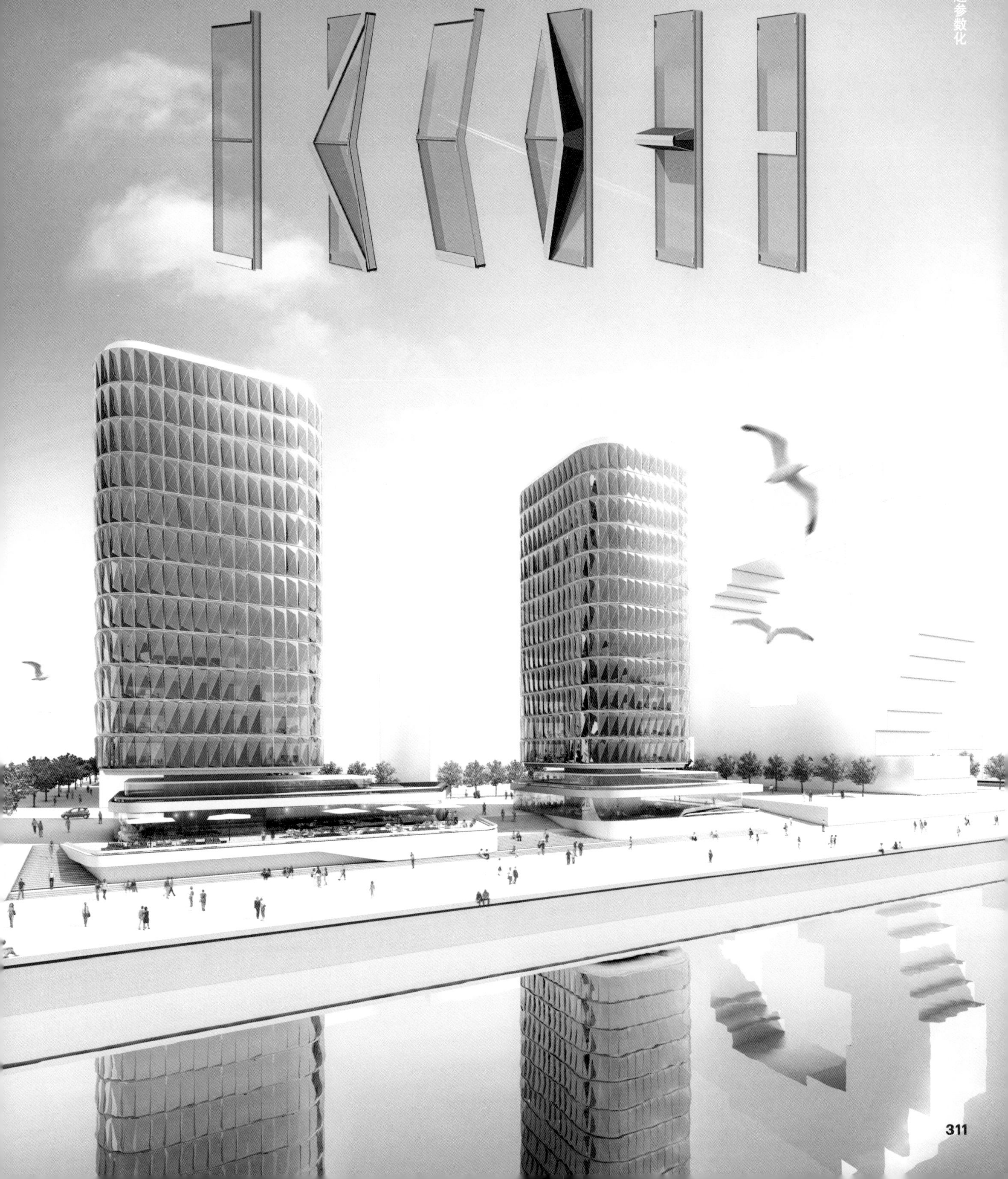

韩华总部大楼，首尔，韩国，2013年至今
Hanwha Headquarter Building, Seoul, South Korea, 2013 to present

　　这个改造项目采用透明的隔热玻璃，以及与建造集成光伏电池相结合的铝框架，取代现有的立面。环境分析工具确定立面单元的几何形状，确保用户舒适、降低能源消耗。自定义数字化的工具优化了光伏电池在单元面板不透明部分的位置，特别是在南立面和东南立面的区域。我们建立了数字设计模型调节立面，来回应太阳能和可编程参数。除了与项目相关的大的开口的定位外，不同的立面元素也根据建筑两侧不同的热负荷进行设置。遮阳可以减少直射光对建筑的直接影响，设计一方面使玻璃倾斜以远离阳光直射，另一方面，南立面的上部玻璃也被倾斜角度，用来接收阳光直射。

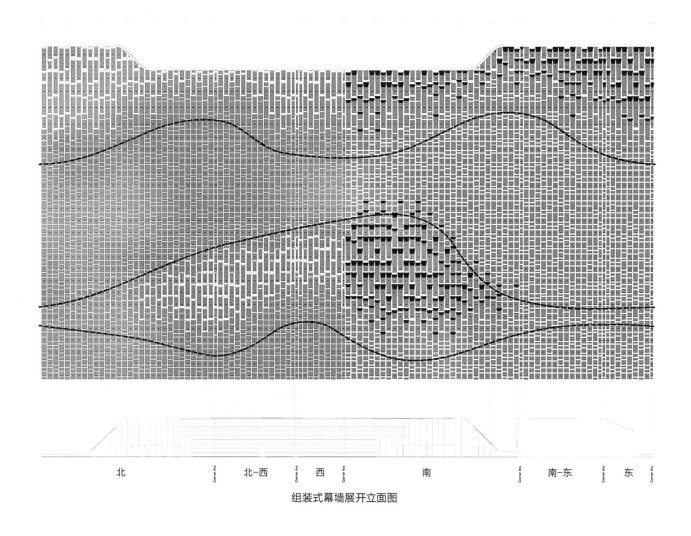

组装式幕墙展开立面图

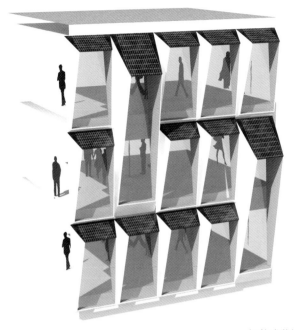

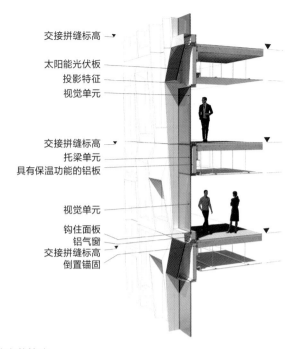

交接拼缝标高 ▸

太阳能光伏板
投影特征
视觉单元

交接拼缝标高 ▸
托梁单元
具有保温功能的铝板

视觉单元

钩住面板
铝气窗
交接拼缝标高
倒置锚固

组装式幕墙安装策略

过渡区

正常区域

过渡区

正常区域

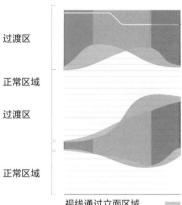

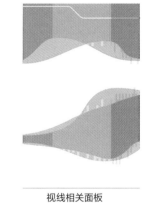
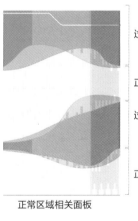
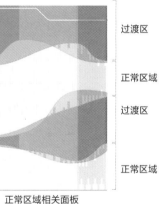

过渡区

正常区域

过渡区

正常区域

视线通过立面区域   基本细分网格   视线相关面板   正常区域相关面板

过渡区

正常区域

过渡区

正常区域

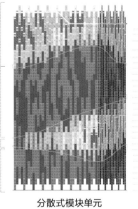
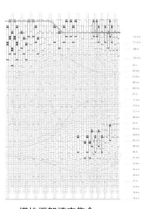
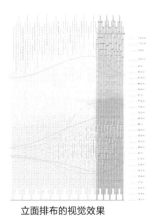
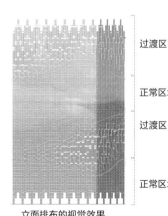

过渡区

正常区域

过渡区

正常区域

分散式模块单元   模块框架填充集合   立面排布的视觉效果   立面排布的视觉效果

非洲大博物馆，阿尔及尔，阿尔及利亚，2013年
Grand Musée de l'Afrique, Algiers, Algeria, 2013

从项目的第一阶段开始，场地条件被转换成Ecotect来确定立面系统和建筑的体量大小。这种方法与普通方法形成了对比，后者往往是在确定了体量和立面系统之后进行环境分析。这种后期介入将优化过程简化为合理化后的过程。在设计过程的后期阶段进行环境分析，只能返回"基于直觉的数据"，而将集成环境分析贯穿于所有阶段。为了避免这种情况，第一阶段的核心目标是参数化地连接体量，以实现对高度和规划区域的简单控制计算。从Voronoi几何体派生的一种聚集语言定义了体量。一旦这些形式符合面积要求，参数控制的体量就转换为细分的网格，进一步细化。从这个角度说，一体化的空隙和遮光系统是为了在立面上创造不同的表现效果而开发的——控制视线、直射阳光和通风。

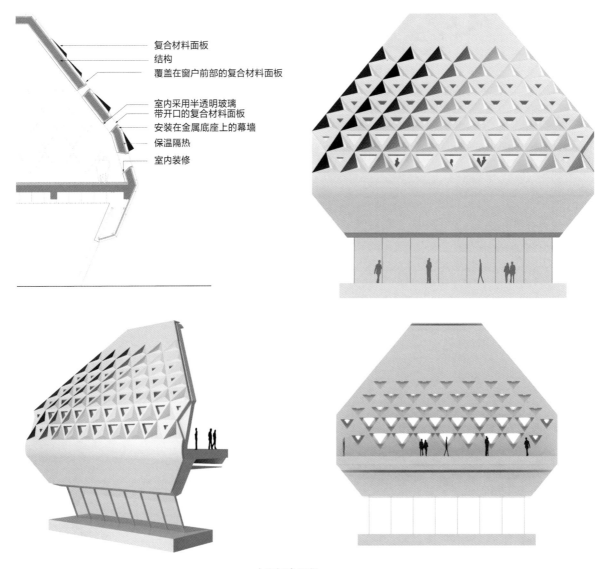

复合材料面板
结构
覆盖在窗户前部的复合材料面板

室内采用半透明玻璃
带开口的复合材料面板
安装在金属底座上的幕墙
保温隔热
室内装修

立面板合理化

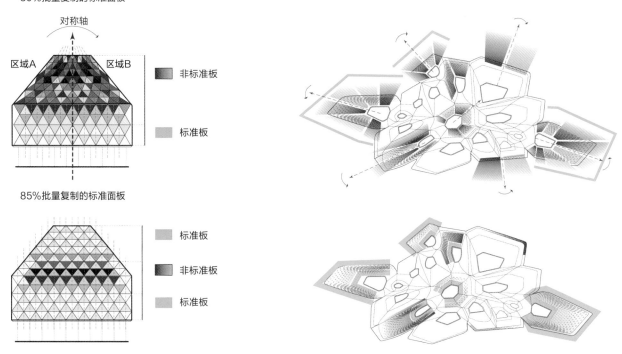

30%批量复制的标准面板

对称轴

区域A　区域B

非标准板

标准板

85%批量复制的标准面板

标准板

非标准板

标准板

数字制造

　　我们对数字制造的兴趣是针对行业之间的相互了解。数字建模软件技术提供的形式复杂性必须与制造业的紧急模式进行更加密切的对话，以增加形式和与之对应的材料解决方案的储备。以下项目从鞋子到基础设施，以不同的尺度来推进这项讨论。

阿纳姆中央车站，阿纳姆，荷兰，1996—2015年
Arnhem Central Station, Arnhem, The Netherlands, 1996-2015

　　阿纳姆中央车站候车楼的屋顶大约由1500块复合双曲面的GFRC面板拼成。这些屋面板由一个柔性模具生产系统生产。在一个创新的信息数字链当中（由所有项目伙伴设计），制作展板所需的资料利用自定义脚本从设计模型中提取子结构。所有的数据都被投影到柔性模具上，减少了对图纸的需求，保证了在制造环节顺滑和高效的生产过程。

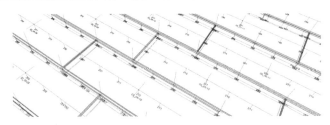

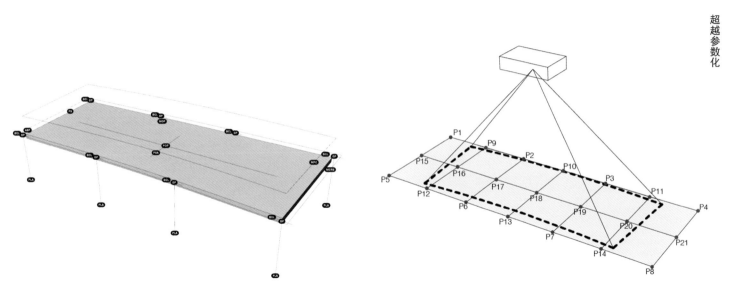

从设计模型中提取的数据直接投射到柔性模具上

研究项目：SORBA镶板系统，与Sorba Projects BV.合作，2013年
Research Project – Sorba Paneling System, with Sorba Projects BV., 2013

　　参数关联工具长期以来一直被设计者和制造者用来辅助他们的设计工作流程。然而，由项目采购造成的设计与施工之间的差距限制了二者更紧密一体化的可能性。与Sorba项目有关的研讨会探索了一系列灵活工具的制造潜力，其中包括在设计过程与制造过程中让使用工具更紧密地连接。该工作流程以建筑的镶装为例进行了深入测试。这涉及研究构成覆层系统的关键参数，包括接缝、子结构、折叠、加强边缘、最大尺寸、变形量和可调性、成形和经济限制。这些参数是通过合成铝复合材料的"弯曲折叠"技术进行测试的。该技术可以构成铝复合板立面。最后设计的面板系统反映并预测了整个施工过程——干净的几何形体是通过折叠单一的平面材料实现的，丝毫不需要拉伸、撕裂或切割。

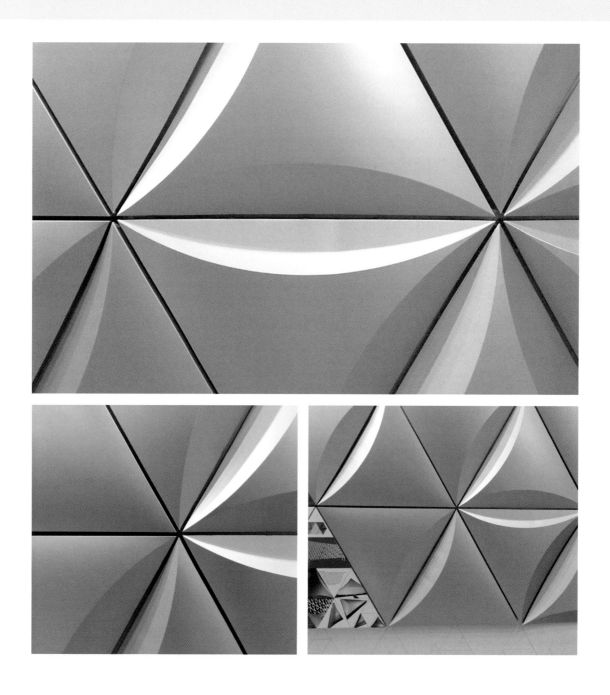

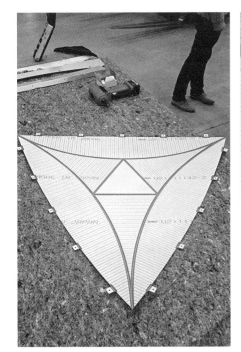

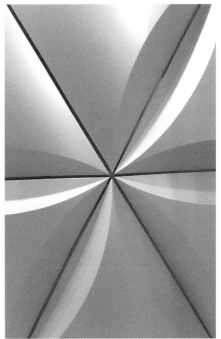

UNX2，阿姆斯特丹，荷兰，United Nude，2015年
UNX2, Amsterdam, The Netherlands, United Nude, 2015

人脚的运动可以在立面上通过8条特定的接缝线来表达其几何曲率，在平面上通过12条线来定义轮廓。这个观察成为我们参数模型的基础，未来的设计选择都可以参考这个足部复杂运动的内在逻辑。因此，我们开发了一个独特的工作流程，重点包括实时更新变化、表面曲率分析、面板类型合理化、材料优化及跨越多个平台的软件集成。这个基于足部几何形态的几何原理可以被更新，从而反映鞋的大小、鞋跟高度、形式形状和一键图案。一旦基础几何形体的参数被建立起来，基本的形式就可根据制造商或生产方式给出的设计约束进行修改。在这种情况下，3D打印作为选择的制造技术实现了外壳厚度和规定角度的统一，而鞋的其余部分在多个方向上进行缩放。

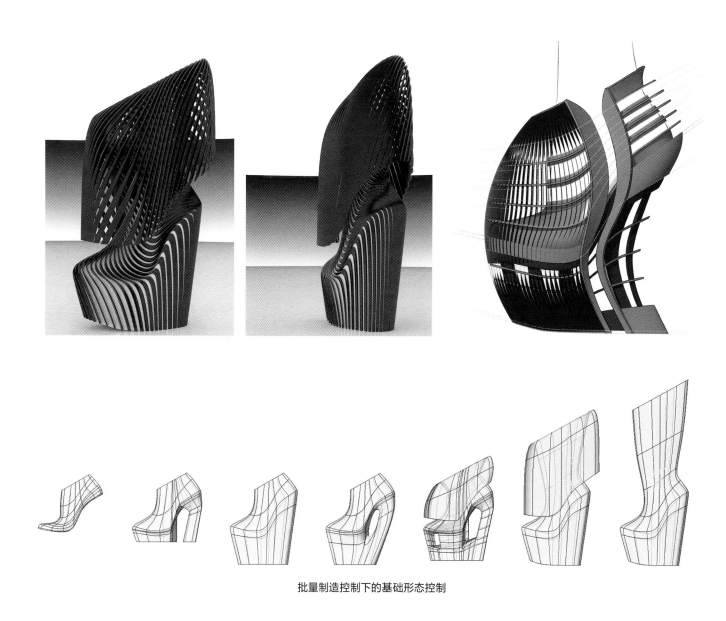

批量制造控制下的基础形态控制

创新材料平台

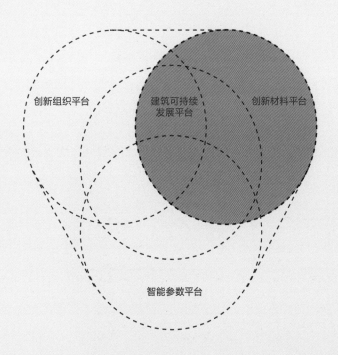

创新组织平台

建筑可持续
发展平台

创新材料平台

智能参数平台

324 轻型巨构
325 几何图式
341 媒体模式

360 双重材料
361 类比反差
373 瞬态反差

将材料科学的进步与产生的新文化效应联系起来是"创新材料平台"的核心动因。这种动机的实现经历了一系列项目对现有材料应用的质疑和假想。同样，外部专家和施工厂家的协作，给我们提供了机会去探究已知材料的表现极限和新材料的混合解决方案。通过从材料特性的探究到对大众文化影响的转译，创新材料平台的知识工具变得多元，在面对重新定义建筑类型和城市空间的主流观念这个问题上，更多涌现出反直觉的、新奇的、混合的和短暂的思考。

　　探索材料物理特性的潜能可扩展到相关的不可预知的事项，包括经济性、环境影响、耐久性和制造问题。以下项目让我们超越审美的层次，促使我们和建筑环境发生一段新类型的互动。玻璃的巨型结构一下子就使材料变得轻盈、色彩多变、不透明并且发亮。数字化效果的抽象化和重构化，都有助于增强我们的意识，感知建筑物在时空中的定位。

轻型巨构

　　"巨构"这个词被摒弃，通常是因为它被理解为冷峻、简朴和不祥的，巨构建筑设计的地位也被当代建筑学设计方法所抛弃。词本身令人不悦的性质使它在对话当中处于边缘地位，具有讽刺意味的是，现在的建筑物却比以往任何时候都要庞大。我们的工作是在寻找其他途径来处理某些建筑类型不可避免的体量问题。这是通过利用整体结构的潜力实现的，带来易读性和形式的呈现，以及光和轻的特质，不断产生的日益变化的感知效果，扰乱了对建筑身份的某种稳定的解读。

　　实现"轻型巨构"的方法可以分为两个子类。几何图式创造了在小规模几何形体上的建构性策略，以及大规模形式之间的某种连续性。扩展这种潜力，媒体模式提供了一个基于文脉的像正反双面都可以表现的立面。它的交流潜力通过像变色龙一般的整体形态的改变而得以实现，数字化提供了技术支持，驱使小尺度元素不断变化，最终实现整体的形态变化。

　　在对轻盈的潜力的重新解读中，我们通过把轻盈与巨构的轮廓相结合，表达对意象化的强调。通过这种方式，建筑混淆了人们对某些建筑和固定规模结构的预期，重新复活和构思了巨构建筑的潜力。

几何图式

通过对几何图式的应用，强烈的体量里充满了纹理、细节和严格的建构关系。这种图式的引入可以使人产生感知效应的梯度，包括溶解、渗透性、透明度和尺度的多重解读。

环城公路，登博斯，荷兰，1999—2010年
Ringroad den Bosch, The Netherlands, 1999–2010

沿荷兰的A2高速公路上，桥两侧的隔声屏障和混凝土面板，是由飞行中的鸟的几何图案重复雕刻而成，这些密集重复的几何形把鸟的形象消解成一个连续的抽象图案。图案本身通过浇筑混凝土构件实现，桥下部分采用金属覆层，在其表面进行穿孔和压花处理。这样的设计与人们预期的常规基础设施形成鲜明的对比，促使道路使用者把它视为有机的、雕塑般的存在。

最小

最大

A A B B C C D D E E F G G

模式转换

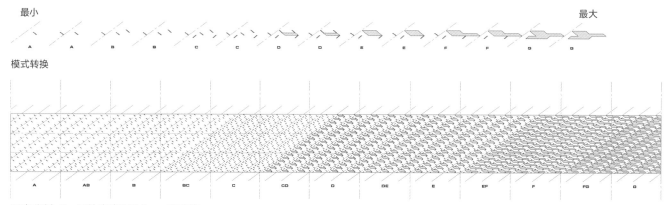

A AB B BC C CD D DE E EF F FG G

垂直分割，3×13块高度8000mm的网格

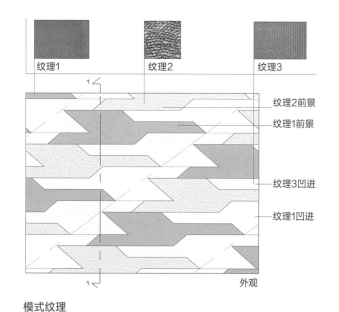

纹理1 纹理2 纹理3

纹理2前景
纹理1前景

纹理3凹进

纹理1凹进

1

外观

模式纹理

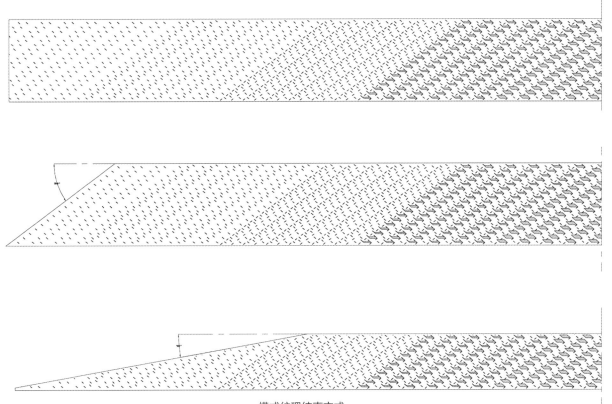

模式纹理结束方式

阿格拉剧院，莱利斯塔德，荷兰，2002—2007年
Theatre Agora, Lelystad, The Netherlands, 2002-2007

　　剧院的轮廓通过其雕塑形式表达戏剧表演。为了达到这个目标，建筑的表皮由穿孔、重叠、多面的表皮组成，在清晰的形式轮廓内创造出微妙且有深度的效果。鲜艳的橙色调、大胆的对比创造出微妙细腻的解读，而这种差异又会随着天空颜色的变化而放大。

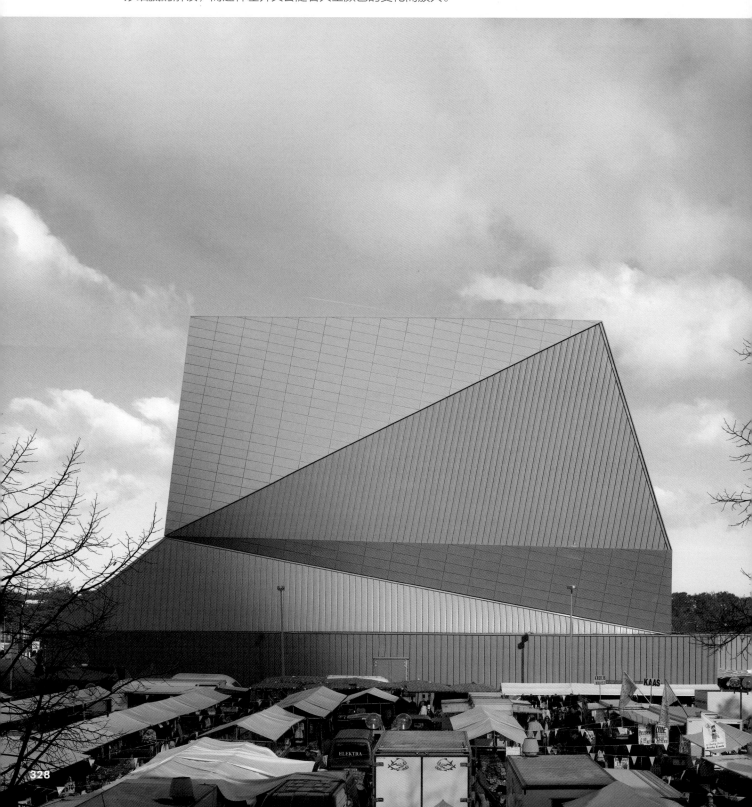

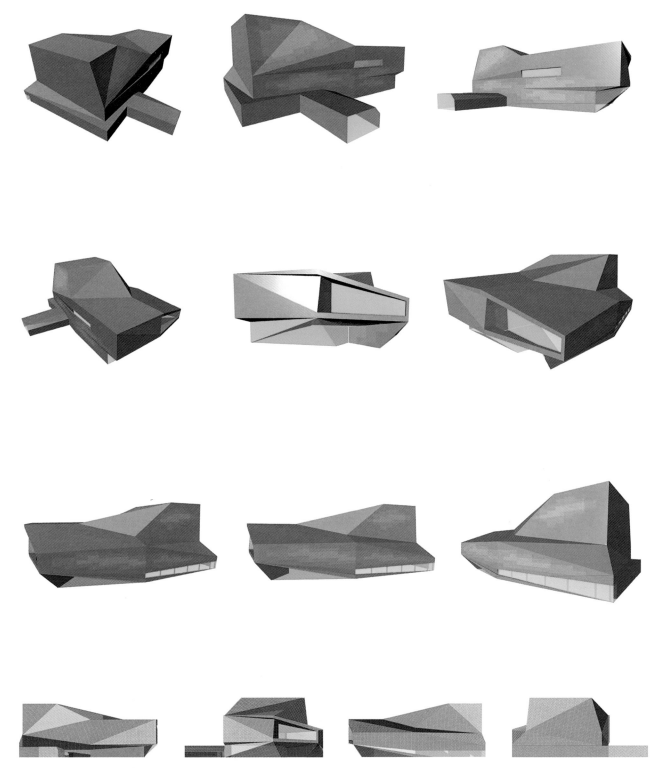

钻石结构外观

富兰克林广场5号，纽约，美国，2007年
Five Franklin Place, New York, USA, 2007

我们为纽约翠贝卡区设计了一栋20层的住宅楼，位于富兰克林广场5号地区，它标志性的、优美的铸铁立面获得了周边区域一致的赞誉。建筑立面由不同宽度的黑色反射金属带构成，整体效果既具有功能性又具有方向性，可以用有效的形式和材料语言实现多重效果。立面为每个公寓保证私密性的同时，提供了最大限度的采光和视线。金属带像丝带一样缠绕在建筑的五个露台和阳台周围。该建筑与周边城市环境同样紧密地融于一体。从远处看，光条纹给人一种统一而整体的体量感；从近处看，阳台和其他标志构件透露出优势——打破立面的均匀性。

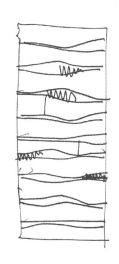 

4

扭转成相反的方向
+不把阳台地板变成室外，反而保持
　在室内
+不同程度的隐私

5

偏转扭转
+内置阳台
+不同程度的隐私
+最高程度的差异化
-宽疏的条纹外观

6

连接和偏转
+内置阳台
+不同程度的隐私
-合并条纹为粗线条

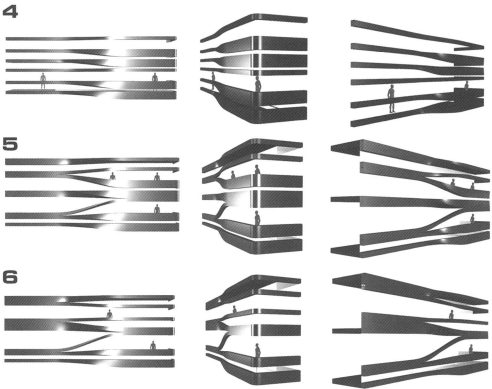

外立面横条纹的扭曲变化

研究实验室，格罗宁根，荷兰，2003—2008年
Research Laboratory, Groningen, The Netherlands, 2003-2008

　　格罗宁根的研究实验室是一个封闭的建筑，需要一个完全封闭的立面。立面是一个看似简单的信封，包裹着垂直的铝板，在某些地方呈弓形向外扭曲。这些高大、垂直的波浪呈现出开放或封闭的一面取决于视线。其光学效果通过在扭曲铝条暴露的区域应用明亮的颜色被放大，活跃了原本克制的外观。颜色在较低处显示的是黄色，到顶部渐变为绿色，这回应了附近的公众花园。因此，实验室尽量减少甚至禁止日光和景观的侵入，同时回应了周边的环境，提供了视觉刺激，并通过其光学特征呈现出一种表面上的透明度。

UNX2，阿姆斯特丹，荷兰，United Nude, 2015年
UNX2, Amsterdam, The Netherlands, United Nude, 2015

UNX2将脚打扮成部分可见的样子。在鞋在运动中可以产生独特的视觉效果，这一策略强调了脚的运动原理。当穿着者保持静止，脚部的曲线仍然可以在弯曲的垂直丝带之间被看到，这当然也暗示了移动的动态感。然而，一旦穿着者开始移动，偏移的透明度就会通过纵向线条发生变化，创造出一种断奏感，让人想起早期的定格运动摄影。UNX2鞋不仅创造了移动的图案，而且通过运动产生了动态形式的图像。

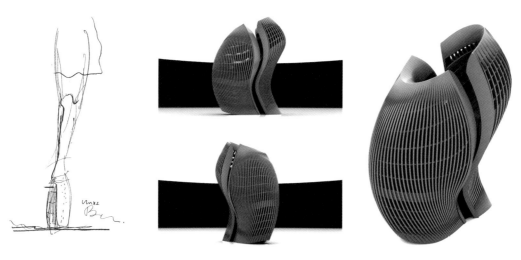

参见 320

HEM（生活景观），地毯概念，德国，2012年
HEM (Living Landscapes), Carpet Concept, Germany, 2012

    HEM 生活景观系列的灵感来自不断变化的图案和颜色，这些图案都是在自然和人类对环境的干预下进化产生的。通过降低像素点，创建抽象的合成模式，灵感发现了表达的方式。该系列基于无方向性的图案，避免了看起来的一致性。因此从不同角度和距离观看的时候，它似乎会持续不断地变换。34种颜色被用于各种组合，并作为基础颜色、图案定义和高光。如此丰富的颜色足以让用户从不同系列中创造出自己独特的景观。

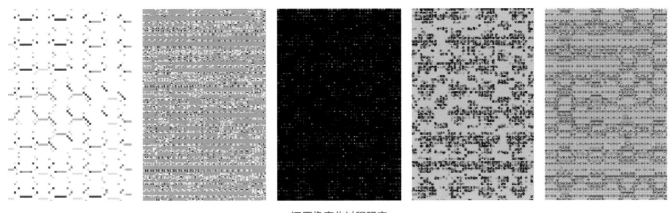

还原像素化过程研究

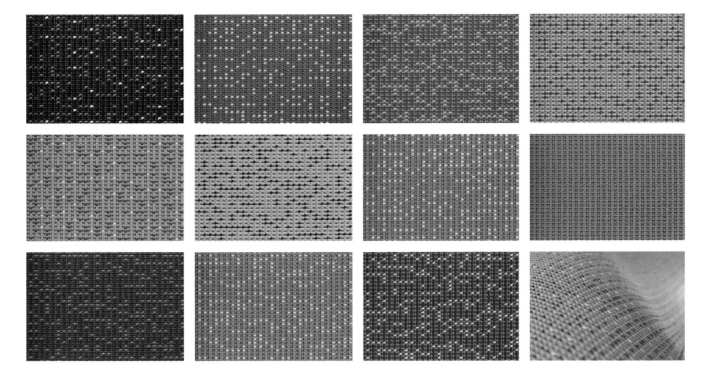

度假屋，费城，美国，2006年
Holiday Home, Philadelphia, USA, 2006

度假屋是一种体验式的装置，离开家居的空间比例探索度假屋布局的新方式。原型住宅正交体系的表面被挤压和倾斜，创造出一个雕塑盔甲，在其中，家居和度假的二分角色消失。无装饰的建筑使人们的注意力集中在建筑的空间结构和布局上。参观者在移动通过装置的时候，会激活意想不到的视野，当他们沉浸在多面的空间中时，多方位投射的阴影将产生不可预知的透视。这些新建筑的几何形状毫无居住细节地膨胀着，产生一个逃避日常生活和习惯模式的空间。随着稳定和熟悉的错位，其极度抽象开始模仿逃避日常繁琐的生活定式。

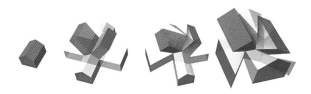

挤压正交面概念图

巨构整体的呈现总是
与光和轻的特质相结合，
不断产生日益变化的感知
效果扰乱了对建筑身份的
某种稳定的解读。

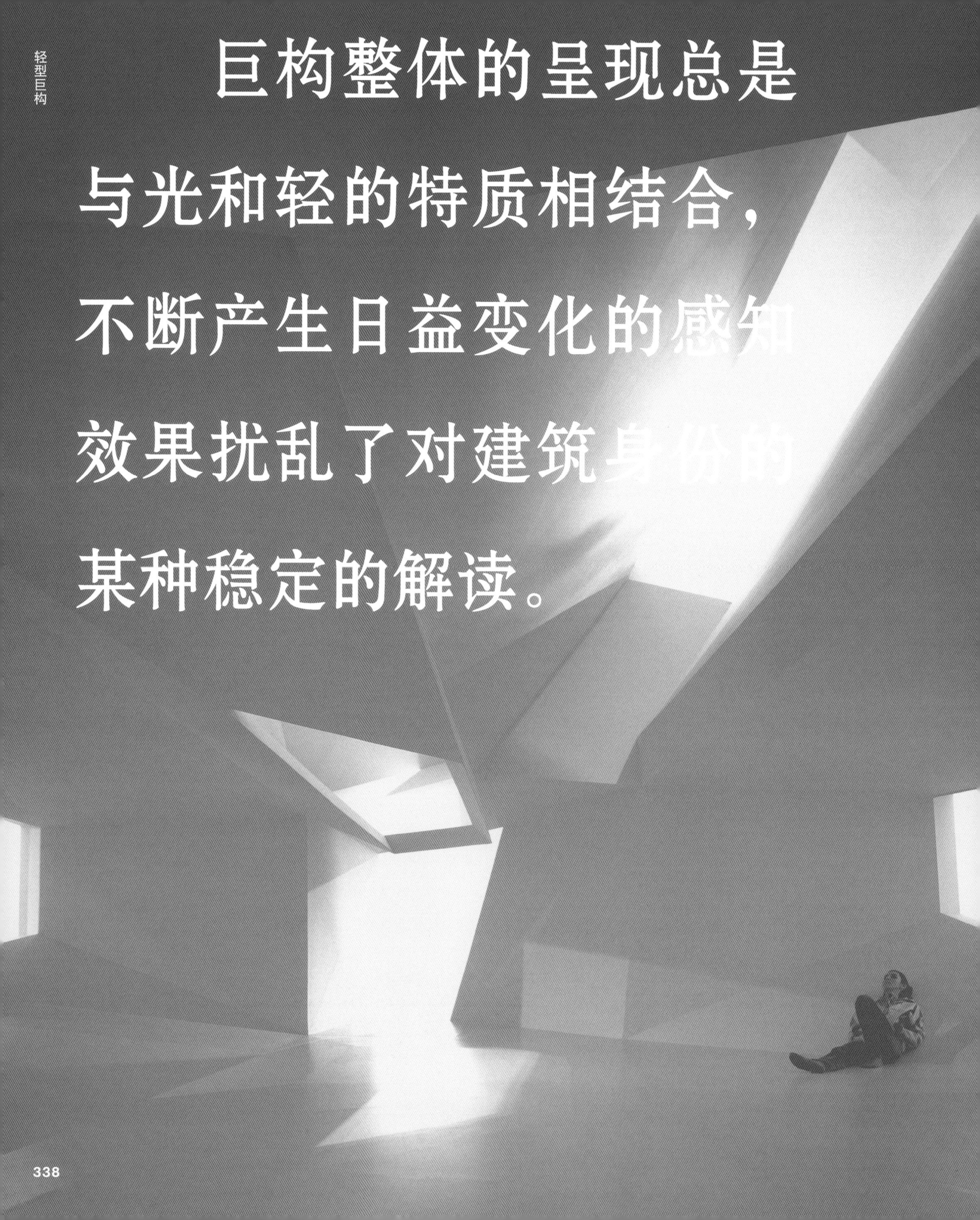

石质座椅，赫伦堡，德国，沃尔特·诺尔，2012年
Seating Stones, Herrenberg, Germany, Walter Knoll, 2012

乍一看，单独的石质座椅有整体的石质外观，然而，这些几何形石头通过各种各样的技术获得了轻盈的质感和人性化的尺度。线条贯穿表面，特别是当多个座位单元被组合成灵活排布的时候，创造了多种颜色和纹理搭配。此外，柔和的几何形状暗示了人体松软的印记，在尺度上的变化唤起了柔软和柔韧，这与它们的名字所引发的致密而坚硬的想象产生了极大的对比。

聚合过程
座位类型拓扑分化

聚合单元

组合2
两种不同的方式

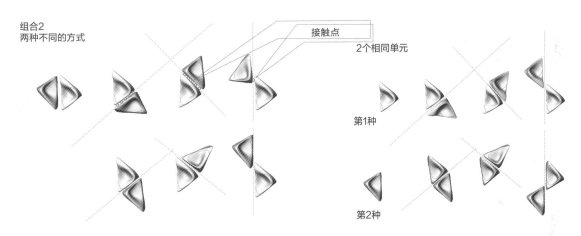

组合3，组合4
组合2或组合3属于组合2的独特演变类型

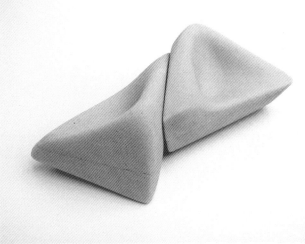

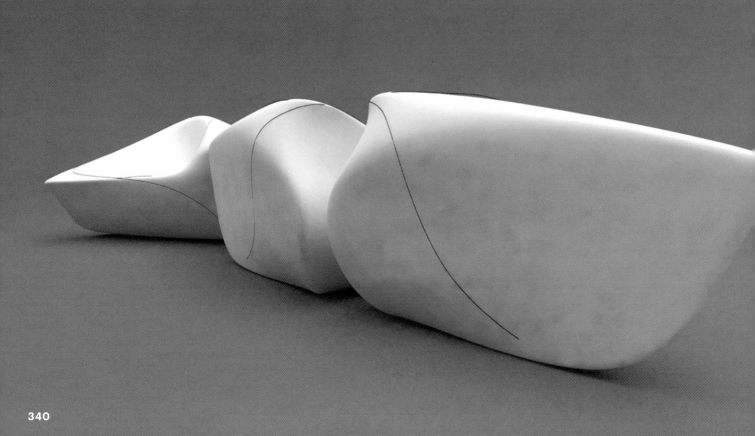

媒体模式

　　媒体立面探索了建筑表皮积极参与周边环境和文脉的潜力，当在一天之内不同时间被激活时，其表皮图像在前景和背景之间不断转换。这种策略解放了封闭的表皮，把它们变成一种交流层次，扩大其在城市中的存在感，融入了时间的概念以突显其作为一个轻质巨构的独特身份。

中国美术馆，北京，中国，2010年
National Art Museum of China (NAMOC), Beijing, China, 2010
　　这座建筑的两个巨大体量，参照了中国古代刻有文字的"石鼓"意象。两个体量的外部由投影照亮，形成一个巨大的媒体立面，这可以被看作是古代石鼓碑文当代性的一次转译。

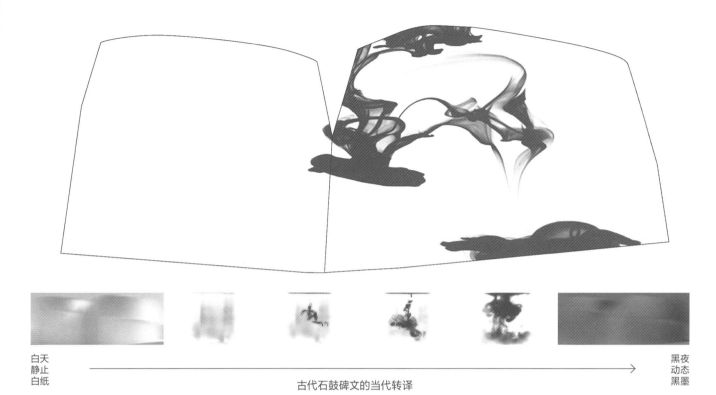

白天
静止
白纸

黑夜
动态
黑墨

古代石鼓碑文的当代转译

加莱里亚百货商场，首尔，韩国，2003—2004年
Galleria Department Store, Seoul, South-Korea, 2003-2004

　　加莱里亚项目创造了对巨构的全新理解。它的立面由4330只玻璃盘构成，形成了一个经过二向色箔转印处理的坚固的鳞片状表面。晚上，LED灯点亮了表皮，创造了马赛克一样的大型像素化效果，这种设定为建筑体量创造了不断改变的外观。

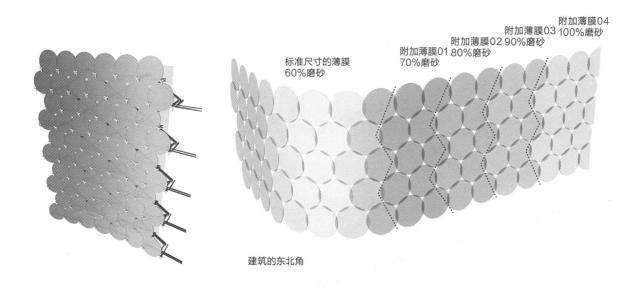

标准尺寸的薄膜 60%磨砂
附加薄膜01 70%磨砂
附加薄膜02 90%磨砂
附加薄膜03 100%磨砂
附加薄膜04 100%磨砂

建筑的东北角

光泽度的选择

加莱里亚中心城，天安，韩国，2008—2010年
Galleria Centercity, Cheonan, Korea, 2008–2010

　　加莱里亚中心城的立面特征产生许多不同尺度的解读：从宏观尺度上作为城市的背景，到人的尺度上游客接近建筑的方式。白天，分层波纹的立面效果随旁观者角度的变化，不断变换造型和形式。我们用立面半透明的材料和倒角的边缘软化了这些过渡，从而抗拒清晰的体积感。自定义照明灯集成在外层的竖框中。晚上，这些固定装置将光线投射回装置立面的内层，产生低分辨率的媒体效果。安装在低层窗户和入口处的高分辨率屏幕强调了这种效果，并对访客和路人显示更详细的信息。

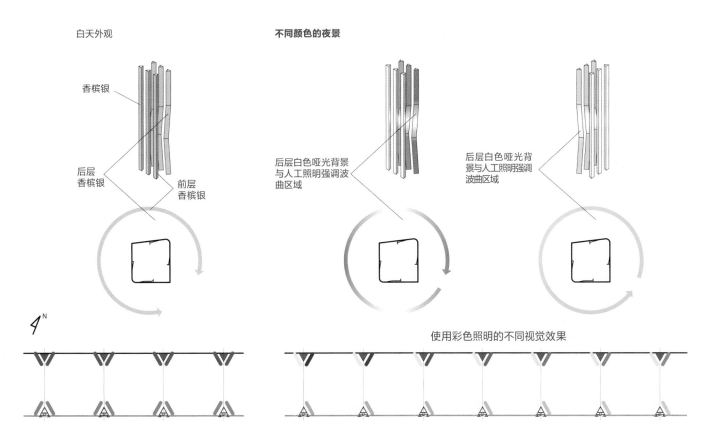

白天外观

香槟银

后层
香槟银

前层
香槟银

不同颜色的夜景

后层白色哑光背景
与人工照明强调波
曲区域

后层白色哑光背
景与人工照明强调
波曲区域

使用彩色照明的不同视觉效果

内置剧场，波蒂库斯，美因河畔的法兰克福，德国，2007年
Theatre of Immanence, Portikus, Frankfurt am Main, Germany, 2007

　　这个装置是UNStudio和Städelschule Architecture Class的联合项目，由上层和下层组成。上层用作剧场，下层作为一种更传统的展览空间。该装置收藏了一群艺术家和建筑师的系列作品。这些艺术家和建筑师参加了Städelschule Architecture Class开展的为期一年的实验项目，他们调查了当代社会互动和沟通中所需要的各方面条件。在上层，数字投影隐藏并扭曲了纯粹的形象和几何形体，给剧场空间注入了不断变化的氛围。

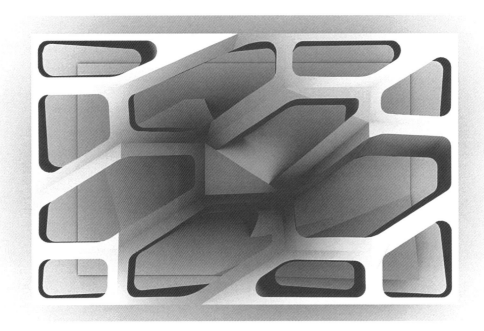

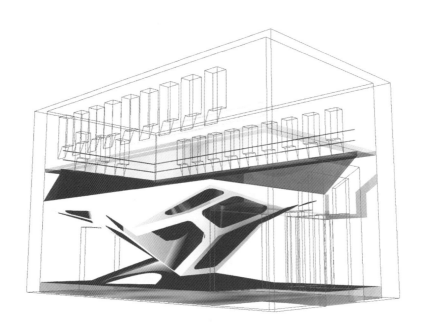

VI PALAZZO ENI总部, 圣多纳托 · 米拉内塞，米兰，意大利，2011年
VI Palazzo ENI, San Donato Milanese, Milan, Italy, 2011

在VI Palazzo ENI，想象未来的愿望被转化为建筑。石油工业最普遍关注的两个问题：可再生能源和新的通信系统构成了设计的关键概念。建筑立面将这些问题可视化，作为一个城市的屏幕，监控并呈现建筑中的能源使用情况。激活的表皮成为建筑与外部世界沟通的工具，将建筑、数据和效果融合，使之成为一个看似有机的整体。

ENI Building manager   San Donato Milanese 32° ☁   18:44

Filter by [all ▼] [now ▼] [▮▮ energy production ▼] [electricity ▼]

Energy production graph

+52% kW/h

18:44

Building A
53 %

Building B
75 %

Building C
59 %

Building E
82 %

Building F
48 %

Building G
71 %

Building H
82 %

Building I
63 %

138.20€   spent today
1,652.2kW/h   prodused today

Averagein precentage: 52% (+2.5%)

✉ 1 unread message
From: **Mr. Mario Rossi**
Subject: **Remote metering...**
read

🗓 Events
19:30 **Eco meeting** (room 56)

📄 Posts
New Post
send   all ▼

Latest Posts
Posted to: all departments
22.07.11. 18:30
🚗 Dear colleagues,
New Car sharing offering on our
CAR SHARING section.
see all

🍴 Food: My delivery box

Garden roof	Food items	Total cost
● Spinach	● Milk	€6.39
● Carrots	○ Potatoes	
○ Cucumbers	● Beef	
● Tomatoes	● Amental	

edit   order

DASHBOARD   FOOTPRINT   TRAFFIC   COMMUNITY

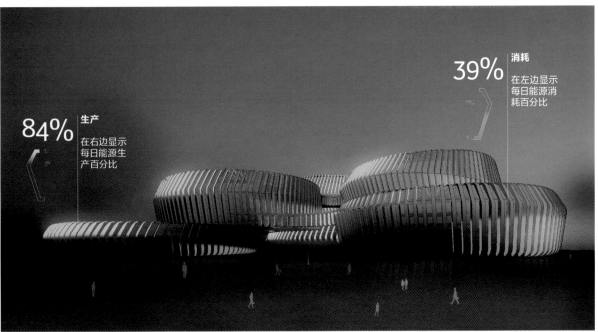

84% 生产
在右边显示
每日能源生
产百分比

39% 消耗
在左边显示
每日能源消
耗百分比

汉街万达广场，武汉，中国，2011—2013年
Hanjie Wanda Square, Wuhan, China, 2011-2013

很像首尔的加莱里亚百货商场，汉街万达广场的立面显得无比巨大，每天夜幕降临的时候，购物中心的巨大尺度就逐渐消解。立面由两种材料手工组合而成，抛光不锈钢和花纹玻璃。这两种材料被加工成一组九个形状各异但标准化的球体，能够根据表面包覆材料的尺寸，向外和/或向后投射光线。它们以特定位置相互结合，创造近似运动的效果，或水中反射的效果，或丝绸织物的褶皱效果。

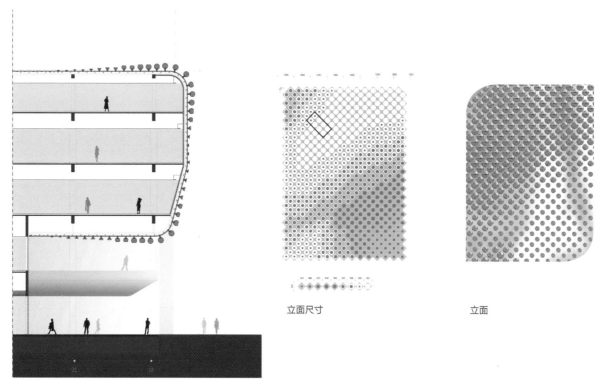

剖立面

立面尺寸

立面

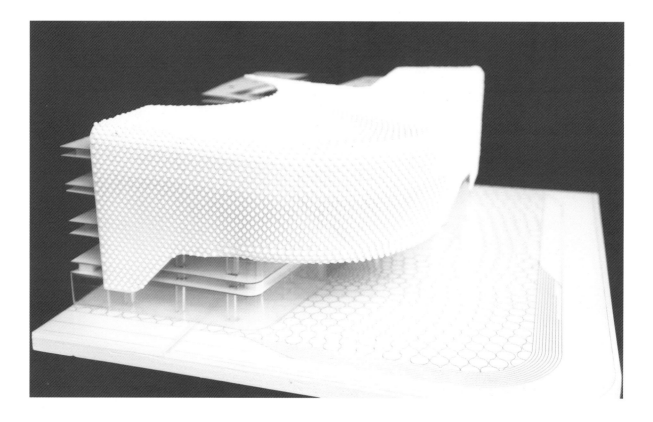

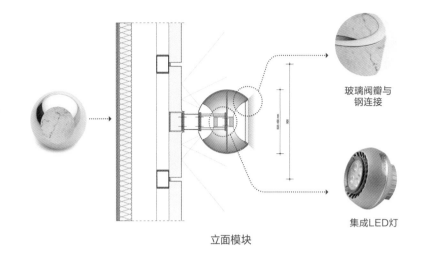

玻璃阀瓣与
钢连接

集成LED灯

立面模块

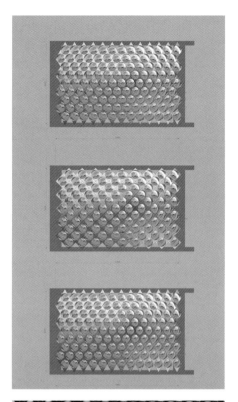

球体模块　　球体模块正面　　球体模块侧面　　球体模块透视

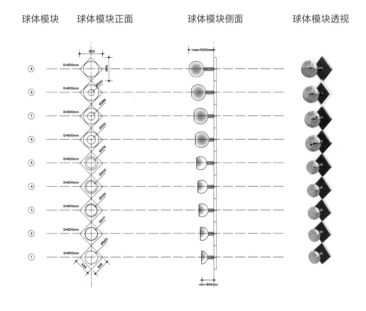

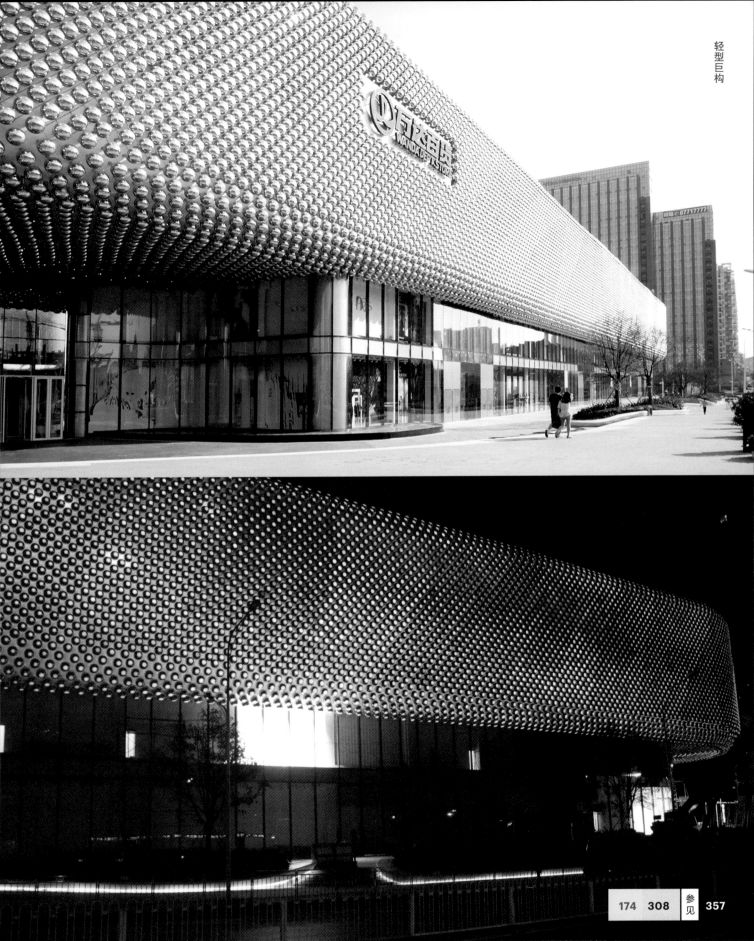

韩华总部大楼，首尔，韩国，2013年至今
Hanwha Headquarter Building, Seoul, South Korea, 2013 to present

　　韩华总部的立面设计是由部分LED像素灯点亮的，亮处位于建筑的不同部分，突出活跃区域的活动。到了晚上，随着建筑物的体量逐渐缩小，立面灯光与夜空融为一体，柔和的灯光似流苏星系。韩华作为全球领先的环境技术供应商之一，像素化的灯光效果也参考了环境、数据处理和能源这些内容，战略性地输出他们的整体品牌。

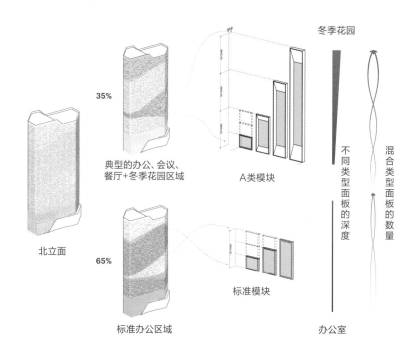

北立面

35%

典型的办公、会议、餐厅+冬季花园区域

A类模块

65%

标准办公区域

标准模块

冬季花园

不同类型面板的深度

混合类型面板的数量

办公室

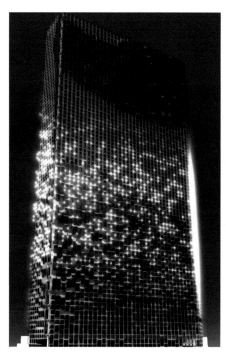

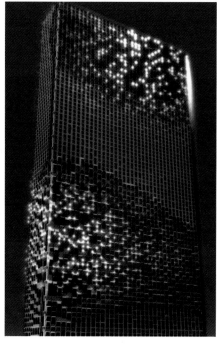

双重材料

　　并非像那些限制设计的观点，如"材料是惰性的、静态的，并且不可变化"所说的，材料本身具有产生多重感知表象和触觉的能力，是令人信服的替代品。即使在单一案例中，材料本身赋予自身某种外观，但当细致地配合有反差的其他材料时，同样可以丰富并且扩大了其作用。不仅如此，"双重材料"的方法也可以通过各种各样的方法和项目预算来实现。从上述简单的对比到复杂的外观层次，都能强化建筑的感官潜力。

　　双重材料通常通过两种策略被大众广泛认知，即"类比反差"和"瞬态反差"，这两种策略都各有不同的复杂形式和细部建造。

　　由于其直接明了和简单的特性，这两种策略都需要与建筑环境发生持续性而非临时性的关系，通过占据的空间和材料属性保持一致，我们可以衍生出一系列复杂的空间。

类比反差

　　类比反差关注的是两种材料之间的相互作用，不仅涉及常见的材料，如木材和混凝土，也涉及抽象的实体和虚无的空间。这个策略是利用材料本身的对立产生组合的效果，利用一种材料强化另一种材料的内在特质。

莫比乌斯住宅，金理，荷兰，1993—1998年
Möbius House, Het Gooi, The Netherlands, 1993-1998
　　莫比乌斯住宅的组织逻辑通过空间中实体和透明材料之间的交替，得到了清晰的表达。实现像莫比乌斯带一样双环面的住宅组织模式的目标，完全依赖于建筑内部和外部之间形式感的连续性。阐述转译这一概念，混凝土毫无疑问是最合适的材料，而内部和外部之间的过渡由框架玻璃微妙地点明。

参
见

212

NM别墅，纽约州北部，美国，2000—2007年
VillA NM, Upstate New York, USA, 2000-2007

　　NM别墅的双重材料特性是通过其黑色哑光表面覆层搭配高反射镀膜玻璃形成对比来表达的。黑暗的表面吸收光线，定义了轮廓，建筑的玻璃用金色的底色，反映了周围丰富的环境。相反，室内表面被渲染成白色，从内部向外看，反射玻璃是完全透明的。外部是引人入胜的景观对象，内部是功能性的家居生活，这两种材料在别墅的内外部表达之间起到了对比的作用。

对比不同的材料从而产生多层次外观和效果的能力，放大了建筑的感官势能。

梅赛德斯-奔驰博物馆，斯图加特，德国，2001—2006年
Mercedes-Benz Museum, Stuttgart, Germany, 2001-2006

　　博物馆的体量由两个交错的混凝土螺旋体构成，基于三叶草的组织原理，这些混凝土几何体统一了展览空间和交通流线，沿着盘旋的轨迹循环。玻璃增强了楼板的清晰度。对这两种材料之间节奏和平衡的把握，定义了博物馆的宏观姿态，同时回应了展览空间白天和夜晚的需求。

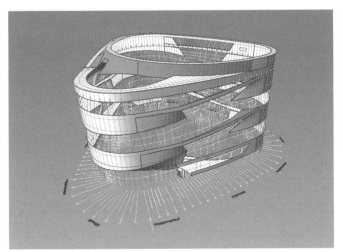
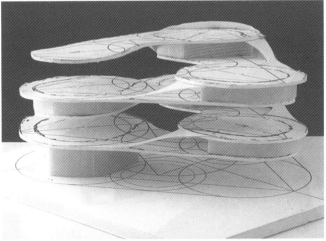

贝多芬音乐厅，波恩，德国，2014年
Beethoven Concert Hall, Bonn, Germany, 2014

建筑体量的形式、排列和材料的使用反映了贝多芬作品中的轻盈和粗犷的并置。不同大小和形状的实心封闭混凝土体块，点缀着透明的玻璃外墙，模仿不同琴键的排列和连接它们的意外的音符。物质元素的组织构成了建筑的体量，创造了一种基于音调波动、韵律和协奏的组合。通过对比漂浮坚固的混凝土体块和透明轻盈的木材饰面，建筑的内部构成扩展了这一组对比概念。

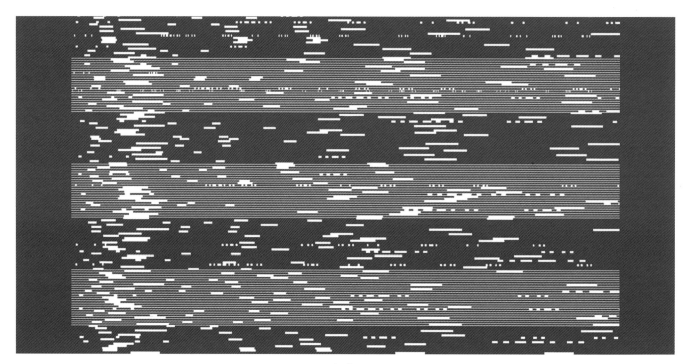

概念

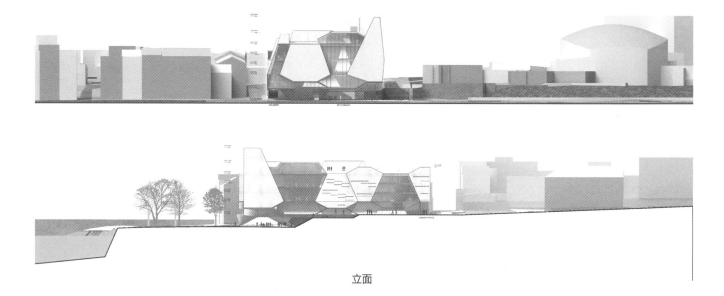

立面

新天地装置，上海，中国，2014年
Xintiandi Installation, Shanghai, China, 2014

以单一建筑的姿态，从墙到吊顶再到墙的方式，产生了一个30m长的拱券走廊，这构成了上海新天地风格零售商场的入口。这个临时装置在其表面的两侧使用了对比鲜明的材料：外部覆盖着粗糙的哑光钢饰面，而内部内衬拉丝钢板。成品产生了多种体验效果——形式和材料的转换创造了一个装置，部分是万花筒般的狭窄小道，部分是通往新天地零售商场的主入口。

观景台，格罗宁根，荷兰，2011年至今
Observation Tower, Groningen, The Netherlands, 2011 to present

观景台是钢与超高性能混凝土的混合结构，钢承载着拉应力，而UHPC超高性能混凝土的优异性能承载着最高的挤压力。UHPC超高强度表现在悬臂梁的结构上。这种类型的混凝土含有高密度钢纤维，这使其具有一种极细的颗粒结构，以精准的比例与钢结合，达到了实际观景台该有的延伸的形式。由UNStudio、AB、BAM Utiliteitsbouw en Haitsma Beton组成的案例研究团队对超高性能混凝土的最佳应用进行研究，该观景台是其研究的最终结果。

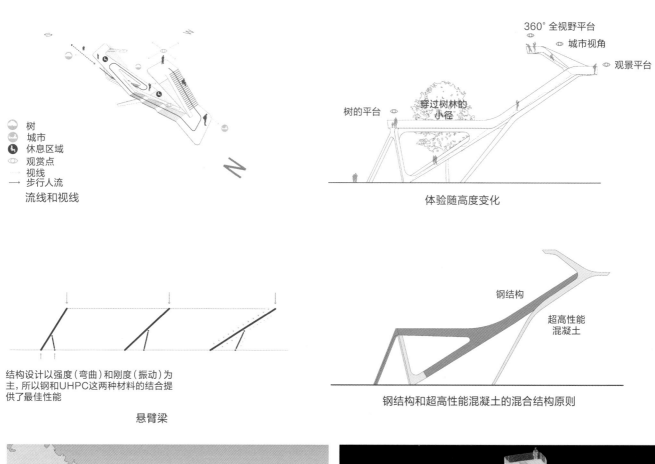

树
城市
休息区域
观赏点
视线
步行人流
流线和视线

360°全视野平台
城市视角
观景平台
树的平台
穿过树林的小径

体验随高度变化

结构设计以强度（弯曲）和刚度（振动）为主，所以钢和UHPC这两种材料的结合提供了最佳性能

悬臂梁

钢结构
超高性能混凝土

钢结构和超高性能混凝土的混合结构原则

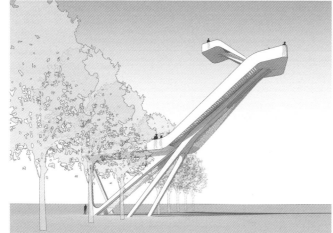

瞬态反差

瞬态反差构成了外观上的渐变。这些变化在颜色和不透明度方面最明显。在之后的案例中，一天的时间和观察者的物理位置都会对视觉外观变化起着重要的作用。

拉德芳斯，阿尔米尔，荷兰，1999—2004年
La Defense, Almere, The Netherlands, 1999-2004

这座名为"拉德芳斯"的办公楼在其城市环境中以非常谦卑的姿态出现，直接把周边的环境反射在其立面的金属饰面上。色彩从体量的开口处溢出，暗示了内部庭院的丰富特色。建筑体块之间空间的立面是由玻璃板和双色铝箔相结合构成的。阳光将立面的颜色从黄色渐变为蓝色，从紫色到绿色，这些变化都取决于一天中阳光的入射角。这些效果使庭院充满活力，并在庭院之间建立时间和颜色的联系。这种双色铝箔，最初由UNStudio与3M公司合作开发，已获得专利，现在是一种可用于其他建筑的立面产品。

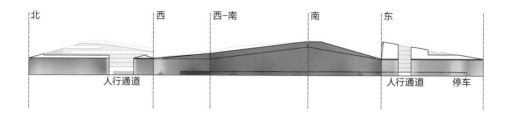

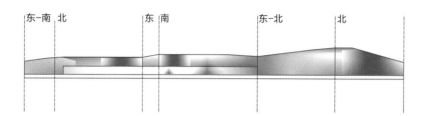

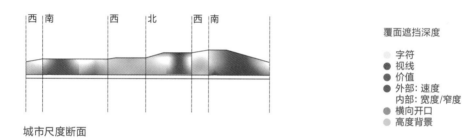

城市尺度断面

覆面遮挡深度

- ○ 字符
- ● 视线
- ● 价值
- ● 外部: 速度
  内部: 宽度/窄度
- ● 横向开口
- ○ 高度背景

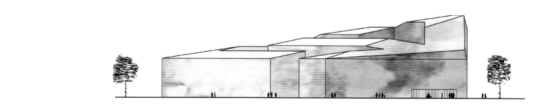

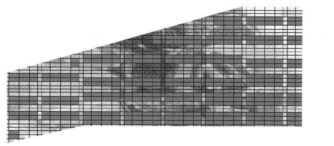
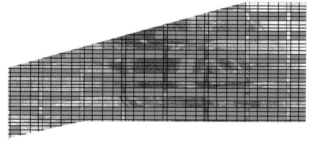

立面

哥伦比亚商学院，纽约，美国，2009年
Columbia Business School, New York, USA, 2009

哥伦比亚商学院的外立面以巨大的玻璃雕塑作为特点，覆盖着从不透明到透明的处理过的面板。大型雕塑孔洞的尺寸和渐变的效果具有协同的关系，推动了设计主导的教学概念。由此产生的立面，通过其不同寻常的细节赋予建筑不可思议的尺度。不同梯度的变化、从不透明到透明的强度变化，都和建筑内部的网络集群产生了互动和交流，大而通透的立面特征也使得人们可以从外部看到不同高度的室内，由丰富的视线交流，暗示着一种新网络关联的生成。

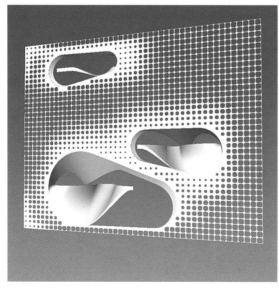

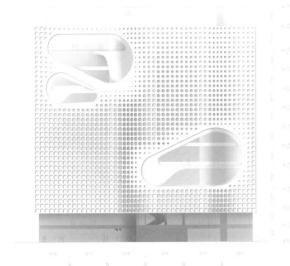

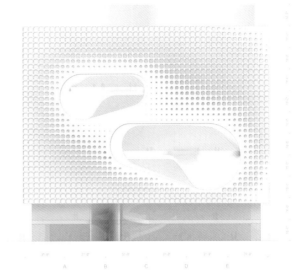

舞蹈宫，圣彼得堡，俄罗斯，2009年至今
Dance Palace, St. Petersburg, Russia, 2009 to present

舞蹈宫的形式在各个方面都创造了强大的优势条件，形成了一个新的城市广场，同时动态提升以吸引游客进入。当建筑的立面在坚实和透明之间切换时，三角形的物质形态放大了这种变化。这种依照编程解决实际需求而产生的对立反差是必要的；然而只是将这些具体的要求表述出来还远远不够，形式的反差需要产生文化影响。需要将建筑内部各个生活剪影升华，以一种公共剧场的形式呈现出来。

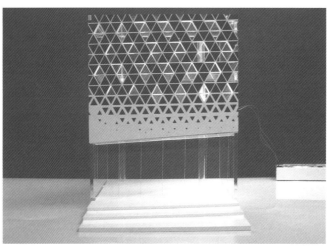

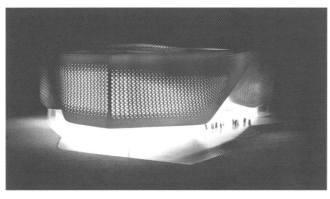
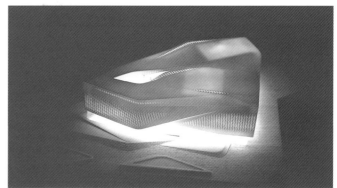

项目成员名单

VALKHOF MUSEUM NIJMEGEN,
THE NETHERLANDS, 1995–1999
CLIENT: HET VALKHOF MUSEUM
UNSTUDIO: Ben van Berkel with Henri
Snel and Rob Hootsmans, Remco
Bruggink, Jacco van Wengerden,
Hugo Beschoor Plug, Marc Dijkman,
Florian Fischer, Carsten Kiselowsky,
Walther Kloet, Florian Fischer,
Carsten Kiselowsky, Luc Veeger
ADVISORS: Landscape Architect:
Bureau B&B, Stedenbouw en
landschapsarchitectuur, Amsterdam;
Technical Management: ABT,
Velp; Technical Consultants: Ketel
Raadgevende Ingenieurs, Arnhem;
Project Management: Berns Projekt
Management, Nijmegen

VALKHOF MUSEUM - REMODEL,
NIJMEGEN, THE NETHERLANDS,
2013–PRESENT
CLIENT: HET VALKHOF MUSEUM
UNSTUDIO: Ben van Berkel, Harm
Wassink with Misja van Veen and
Tina Kortmann, Daniel Vlasveld,
René Toet, Min Zhang
ADVISORS: Structure: ABT;
Installations: Kuipers; Fire Saftey
and Acoustics: DGMR;
Security: Stolwijk

GALLERIA DEPARTMENT STORE,
SEOUL, SOUTH-KOREA,
2003–2004
CLIENT: HANWHA STORES CO., LTD
UNSTUDIO: Ben van Berkel, Caroline
Bos with Astrid Piber, Ger Gijzen,
Cristina Bolis, Markus Hudert, Colette
Parras, Arjan van der Bliek, Christian
Veddeler, Albert Gnodde, Richard
Crofts, Barry Munster, Mafalda
Bothelo, Elke Uitz, Harm Wassink

ADVISORS: Structural Engineers:
Arup & Partners; Lighting Design: Arup
Lighting; Wayfinding Design: Bureau
Mijksenaar; Executive Architects
Facade Design: RAC – Rah Architecture
Consulting; Executive Architects Interior
Design: Kesson International; Executive
Lighting Design: Eon/SLD

HAUS AM WEINBERG,
STUTTGART, GERMANY,
2008–2011
CLIENT: UNDISCLOSED
UNSTUDIO: Ben van Berkel, Caroline
Bos, Astrid Piber with René Wysk,
Kirsten Hollmann-Schröter and Cynthia
Markhoff, Christian Bergmann, Jan
Schellhoff, Iris Pastor, Rodrigo Cañizares,
Albert Gnodde, Beatriz Zorzo Talavera,
Shany Barath, Esteve Umbert Morits,
Hannes Pfau
ADVISORS: Construction Management:
G+O Architekten GmbH, Leinfelden-
Echterdingen; Structural Engineer:
Bollinger und Grohmann GmbH,
Frankfurt; Structural Engineer on
site: Kraft Baustatik, Biesigheim;
MEP:Electrical: Aktive Partner Michael
Blickle, Stuttgart; Heating/Plumbing:
Bauer & Ihle GmbH, Esslingen;
Ventilation: Plangruppe Emhardt,
Möglingen; Landscape: Atelier Dreiseitl
GmbH, Überlingen; Lighting Advisor:
ag licht GbR, Bonn

KUTAISI INTERNATIONAL AIRPORT,
KUTAISI, GEORGIA,
2011–2013
CLIENT: MASTER PLAN AND TERMINAL:
UNITED AIRPORTS OF GEORGIA LLC
CLIENT: AIR TRAFFIC CONTROL TOWER,
OFFICES AND METEOROLOGICAL
BUILDING: SAKAERONAVIGATSIA LTD.

UNSTUDIO: Ben van Berkel, Caroline Bos,
Gerard Loozekoot with Frans van Vuure
and Filippo Lodi, Roman Kristesiashvili,
Tina Kortmann, Wendy van der Knijff,
Kristoph Nowak, Machiel Wafelbakker,
Gustav Fagerström, Thomas Harms,
Deepak Jawahar, Nils Saprovskis,
Patrik Noome
ADVISORS: Structural Consultant:
MTM kft. Budapest; MEP Consultant:
SMG-SISU kft. Budapest; Landscape:
OR else; Structural Expertise:
Arup, Milan; Airport Planning; Arup
Aviation, London; Sustainability: Arup,
Amsterdam; Light: Primo Exposures;
Terminal Advisor Interior & Art: Inside
Outside – Petra Blaisse; Local Architect:
Studio ARCI, Tbilisi; Acoustics: SCENA
akoestisch adviseurs; Wind-Testing:
Peutz; Cost and Management: Davis
Langdon, London

PONTE PARODI, GENOA, ITALY,
2001 TO PRESENT
CLIENT: ALTAREA ITALIA PROGETTI
S.R.L.; (COMPETITION) PORTO ANTICO
DI GENOVA SPA
UNSTUDIO: Ben van Berkel, Caroline
Bos, Astrid Piber with Nuno Almeida and
(Design Development/Building Permit)
Mirko Bergmann, Margherita Del Grosso,
Veronica Baraldi, Kristin Sandner,
Abhijit Kapade, Chiara Marchionni,
Cristina Ferreira, Casper Damkier,
Rainer Schmidt, Adrien Leduc, Lorenzo
Vianello; (Schematic Design) Cristina
Bolis, Paolo Bassetto, Alice Gramigna,
Michaela Tomaselli; (Competition)
Cristina Bolis, Peter Trummer, Tobias
Wallisser, Olga Vazquez-Ruano, Ergian
Alberg, Stephan Miller, George Young,
Jorge Pereira, Mónica Pacheco, Tanja
Koch, Ton van den Berg

ADVISORS: Structure: d'Appolonia, Genoa; Building Services: Manens, Verona; Traffic: Systematica, Milan; Project Coordination: Studio Augusti, Genoa; (Competition) Infrastructure and Structure: Arup, London

MASTERPLAN STATION AREA, GIJON, SPAIN, 2005
CLIENT: MUNICIPALITY OF GIJON
UNSTUDIO: Ben van Berkel, Caroline Bos with Tobias Wallisser, Elke Scheier, JooRyung Kim, Rasmus Hjortshøj, Steffen Riegas, Jan Schellhoff, María Eugenia Díaz
ADVISORS: Infrastructural Consultant: Ove Arup; Structural Engineers: Ove Arup; Feasability Consultant: Pablo Vaggione; Landscape Architect: Teresa Galí Izard

SINGAPORE UNIVERSITY OF TECHNOLOGY AND DESIGN (SUTD), SINGAPORE, 2010–2015
CLIENT: SINGAPORE UNIVERSITY OF TECHNOLOGY AND DESIGN
UNSTUDIO: Ben van Berkel with Christian Veddeler, Ren Yee, Andreas Bogenschütz and Astrid Piber, Jordan Trachtenberg, Kirsten Hollmann, Jeffrey Johnson, Adi Utama, Paula Ibarrondo, Christina Bolis, Ka Shin Liu, Steven Reisinger, Daniel Buzalko, Michael Sims, Chris Masicampo, Philipp Meise, Melissa Lui, Giorgia Cannici, Jacob Sanders, Richard Teeling, Nanang Santoso, Pieter Meier, Olivier Yebra, Teoman Ayas, Hajdin Dragusha
ADVISORS: Singapore-Based Architect: DP Architects Pte Ltd, Singapore; Project Management: PM Link Pte Ltd, Singapore; Civil & Structure: Parsons Brinckerhoff PTE, Singapore; M&E and Q&S: CPG Consultants Pte Ltd., Singapore; Landscape: Surbana; International Consultants Pte Ltd., Singapore; Facade: Arup Singapore Pte Ltd; Acoustics: Acviron Acoustics

Consultants Pte Ltd; Lighting Design: Lighting Planners Associates (S) Pte Ltd., Singapore

THE ARDMORE RESIDENCE, SINGAPORE, 2006–2013
CLIENT: PONTIAC LAND GROUP
UNSTUDIO: Ben van Berkel with Wouter de Jonge and Holger Hoffmann, Imola Berczi, Christian Bergmann, Aurelie Hsiao, Juergen Heinzel, Derrick Diporedjo, Nanang Santoso, Joerg Petri, Kristin Sandner, Katrin Zauner, Arne Nielsen
ADVISORS: Local Architects: Architects A61, Singapore; Structure: Webstructures, Singapore; Mechanical & Electrical Consulting; Engineers: J Roger Preston, Singapore; Facade: Ove Arup, Singapore; Landscape Design: Tierra Design, Singapore

THE CANALETTO TOWER, LONDON, ENGLAND, 2011–2016
CLIENT: ORION CITY ROAD TRUSTEE LIMITED
UNSTUDIO: Ben van Berkel, Wouter de Jonge, Imola Bérczi with Aurelie Hsiao, Sander Versluis and Nanang Santoso, Maud van Hees, Jan Schellhoff, Derrick Diporedjo, Fang Huan, Qiyao Li, Perrine Planché, Wing Tang
ADVISORS: Delivery Architect: Axis Architects; Civil & Structural Engineer: URS Scott Wilson Ltd; MEP Consultant, Fire Engineer, Acoustics: Hoare Lea; Facade Engineer: Burro Happold Ltd; Interior Designer: UNStudio (public/amenity areas); des Sources (Level 24 Lounge); Johnson Naylor LLP (apartments/corridors); Martin Goddard (apartments); Landscape Architect: Churchman Landscape Architects Limited

CHANGI AIRPORT COMPLEX, SINGAPORE, 2012
CLIENT: FAR EAST ORGANIZATION
UNSTUDIO: Ben van Berkel, Astrid Piber

with Nuno Almeida, Juliane Maier, Ariane Stracke and Martin Zangerl, Rodrigo Cañizares, Stefano Rocchetti, Shuang Zhang, Jan Rehders, Albert Gnodde, Thomas van Bekhoven, Mo Lai
ADVISORS: Local Architect: ONG&ONG, Singapore

THE CHANGING ROOM, VENICE BIENNALE OF ARCHITECTURE, 2008
CLIENT: VENICE BIENNALE
UNSTUDIO: Ben van Berkel, Caroline Bos with Christian Veddeler and Hans-Peter Nuenning, Steffen Riegas
ADVISORS: Light design with: Meso Digital Interiors, Frankfurt; Engineering and building: p&p gmbh, Fuerth/Odenwald

THE BURNHAM PAVILION, MILLENNIUM PARK, CHICAGO, USA, 2009
CLIENT: CHICAGO METROPOLIS 2020
UNSTUDIO: Ben van Berkel, Caroline Bos with Christian Veddeler, Wouter de Jonge and Hans-Peter Nuenning, Ioana Sulea
GAROFALO ARCHITECTS: Douglas Garofalo with Grant Gibson
ADVISORS: Structural Engineering: Chris Rockey; Light Installation: Daniel Sauter, Tracey Dear

NEW AMSTERDAM PLEIN & PAVILION, NEW YORK, USA, 2008–2011
CLIENT: THE BATTERY CONSERVANCY
UNSTUDIO: Ben van Berkel, Caroline Bos with Wouter de Jonge, Christian Veddeler and Kyle Miller, Jan Schellhoff, Wesley Lanckriet, Arndt Willert
ADVISORS: Executive Architect: Handel Architects, New York; Lighting Design and Structural, Sustainability, MEP and Fire Protection Engineering Consulting: Buro Happold; Kitchen Planner: James Davella

ARNHEM CENTRAL STATION, ARNHEM, THE NETHERLANDS, 1996–2015
CLIENT CONSORTIUM: PRORAIL, MINISTRY OF INFRASTRUCTURE & THE

ENVIRONMENT, THE MUNICIPALITY OF ARNHEM
DELEGATED PRINCIPAL: PRORAIL
UNSTUDIO: MASTERPLAN 1996 – 1998: Ben van Berkel, Caroline Bos with Astrid Piber and Sibo de Man, Tobias Wallisser, Freek Loos, Peter Trummer, Henk Bultstra, Edgar Bosman, Nuno Almeida, Oliver Bormann, Yuko Tokunaga, Ulrike Bahr, Ivan Hernandez, Wim Hartman, Remko van Heummen, Jeroen Kreijne, Cees Gajentaan, John Rebel, Andreas Krause. 2004–2015: Ben van Berkel with Arjan Dingsté and Misja van Veen, René Toet. PUBLIC TRANSPORT TERMINAL 1998 – 2015: Ben van Berkel with Arjan Dingsté and Misja van Veen, René Toet, Marc Hoppermann, Kristoph Nowak, Tobias Wallisser, Nuno Almeida, Rein Werkhoven, Marc Herschel, Sander Versluis, Derrick Diporedjo, Ahmed El-Shafei, Matthew Johnston, Juliane Maier, Daniel Gebreiter, Kirstin Sandner
ADVISORS: MASTERPLAN PHASE: Architect: UNStudio; Structural/Civil Engineering, Transport Planning: Arup. DESIGN AND SPECIFICATIONS PHASE: Structural Engineering: Arup (public transport terminal), Van der Werf & Lankhorst (bus station, car park, office square); MEP: Arcadis; Fire Safety: DGMR Bouw BV; Public Transport Terminal Lighting: Arup; Public Space Lighting: Atelier LEK; Wayfinding: Bureau Mijksenaar; Building Specifications: ABT; Landscaping Design: Bureau B+B stedebouw en landschapsarchitectuur; Project Management to Definitive Design: Arcadis. ENGINEERING AND CONSTRUCTION OF PEDESTRIAN TUNNEL: Main Contractor: Besix-Welling; Tendering phase contractor: Arcadis. ENGINEERING AND CONSTRUCTION PHASE 1: PEDESTRIAN TUNNEL AND PUBLIC TRANSPORT TERMINAL: Main Contractor: construction consortium BAM Ballast Arnhem Centrum VOF (BBB, BAM & Ballast Nedam); Structural Engineering, Lighting, Climate and Sustainability: Arup; MEP: BAM Techniek, Unica. ENGINEERING AND

CONSTRUCTION PHASE 2: PUBLIC TRANSPORT TERMINAL: Main Contractor: construction consortium OV-Terminal Arnhem (BCOVTA, BAM & Ballast Nedam); Structural Engineer: BAM Advies & Engineering, ABT; MEP: BAM Techniek, Unica

MUSIC THEATRE, GRAZ, AUSTRIA, 1998–2008
CLIENT: BUILDING: BIG, BUNDESIMMOBILIENGESELLSCHAFT M.B.H.
INTERIOR: KUG, UNIVERSITY FOR MUSIC AND APPLIED ARTS, GRAZ, AUSTRIA
UNSTUDIO: Ben van Berkel, Caroline Bos with Hannes Pfau and Miklos Deri, Kirsten Hollmann, Markus Berger, Florian Pischetsrieder, Uli Horner, Albert Gnodde, Peter Trummer, Maarten van Tuijl, Matthew Johnston, Mike Green, Monica Pacheco, Ger Gijzen, Wouter de Jonge
ADVISORS: Engineering: Arup London; Engineering Execution: Peter Mandl ZT GmbH; Structural Engineering: Arge Statik, Graz; Specifications: Housinc Bauconsult GmbH, Vienna; Electrical: Klauss Elektro – Anlagen Planungsgesellschaft m.b.H; Acoustic and Building Physics: ZT Gerhard Tomberger, Graz; Pro Acoustic Engineering: Thorsten Rohde, Graz; Technique Stage: e.f.f.e.c.t.s. techn. Büro GmbH, Klosterneuburg; Interior: P + P Holzbau GmbH / vectogramm; Mechanical: Anton Hofstätter GmbH; Electrical: Siemens Bacon GmbH & Co KG; Landscape: Granit Gesellschaft m.b.H.; Landscape Design: UNStudio

VILLA NM, UPSTATE NEW YORK, USA, 2000–2007
CLIENT: UNDISCLOSED
UNSTUDIO: Ben van Berkel with Olaf Gipser and Andrew Benn, Colette Parras, Jacco van Wengerden, Maria Eugenia Diaz, Jan Debelius, Martin Kuitert, Pablo Rica, Olga Vazquez-Ruano
ADVISORS: Project Consultant: Roemer

Pierik, Rotterdam; Landscape Architect: Nicholas Pouder, ASLA, Pouder Design Group, Patterson NY; Grounds Landscaping: Jason Maciejevski, Maciejevski Landscaping, Damascus, PA

MERCEDES-BENZ MUSEUM, STUTTGART, GERMANY, 2001–2006
CLIENT: DAIMLERCHRYSLER IMMOBILIEN
UNSTUDIO: Ben van Berkel, Caroline Bos, Tobias Wallisser with Marco Hemmerling, Hannes Pfau and Wouter de Jonge, Arjan Dingsté, Götz Peter Feldmann, Björn Rimner, Sebastian Schaeffer, Andreas Bogenschuetz, Uli Horner, Ivonne Schickler, Dennis Ruarus, Erwin Horstmanshof, Derrick Diporedjo, Nanang Santoso, Robert Brixner, Alexander Jung, Matthew Johnston, Rombout Loman, Arjan van der Bliek, Fabian Evers, Nuno Almeida, Ger Gijzen, Tjago Nunes, Boudewijn Rosman, Ergian Alberg, Gregor Kahlau, Mike Herud, Thomas Klein, Simon Streit, Taehoon Oh, Jenny Weiss, Philipp Dury, Carin Lamm, Anna Carlquist, Jan Debelius, Daniel Kalani, Evert Klinkenberg
ADVISORS: Realisation: UNStudio with Wenzel + Wenzel, Stuttgart; Exhibition Concept and Design: HG Merz, Stuttgart; Interior: UNStudio with Concrete Architectural Associates, Amsterdam; Curtain Design: Inside outside – Petra Blaisse, Amsterdam; Structure: Werner Sobek Ingenieure, Stuttgart; Geometry: Arnold Walz, Stuttgart; Climate Engineering: Transsolar Energietechnik, Stuttgart; Cost Estimation: Nanna Fütterer, Stuttgart/Berlin; Infrastructure: David Johnston, Arup, London; Landscaping: Knoll Ökoplan GmbH, Sindelfingen

RAFFLES CITY, HANGZHOU, CHINA, 2008–2016
CLIENT: CAPITALAND CHINA
UNSTUDIO: Ben van Berkel, Astrid Piber, Hannes Pfau. Project Team: Shu Yan Chan, Markus van Aalderen, Juergen

Heinzel, Abhijit Kapade,
Tom Minderhout, Marc Salemink,
Juliane Maier, Hisa Matsunaga, Garett
Hwang, Miklos Deri, Fernie Lai, Praneet
Verma, James Leng, Steffen Riegas,
Gary Freedman, Shuojiong Zhang;
Team Members in different Project
Phases (in alphabetical order):
Adrian Schmitz, Alexander Hugo,
Andreas Bogenschuetz, Anna von
Roeder, Bartosz Lamperski, Brendon
Carlin, Christian Veddeler, Costa
Krautwald, Craig Yan, Cristina Gimenez,
Daniel Bazo Hernandez, David Chen,
Felix Lohrmann, Florian Heinzelmann,
Freek Waltmann, Georg Willheim,
Hans-Peter Nuenning, Ioana Sulea,
Johan Andersson, Ke Zou,
Luming Wang, Magda Smolinska,
Marcin Koltunski, Marcin Molik,
Marina Bozukova, Michael Sims,
Mo Ching Ying Lai, Paula Ibarrondo,
Peter Moerland, Qiwei Liang, Qiyuan
Ding, Rein Werkhoven, Richard Teeling,
Rikjan Scholten, Rodrigo Canizares,
Rudi Nieveen, Shi Yang, Shusuke Inoue,
Ting Li, Wenzhen Yi, Wing Tang, Yi
Cheng Pan, Zhenfei Wang; Interior: Ben
van Berkel, Astrid Piber, Hannes Pfau;
Project Team: Garett Hwang, Fernie Lai,
Hisa Matsunaga, Juergen Heinzel,
Lukas Allner, Marc Salemink, Severin
Tuerk, Tom Minderhoud, Abhijit Kapade;
Team Members in different Project
Phases (in alphabetical order):
Craig Yan, Cristina Gimenez, Eric Zhu,
Fahad Mohammad, Justin Cheng,
Qiyuan Ding, Yang Shi, Yue Zhou
ADVISORS: Local Design Institute:
China United Engineering Corporation,
Hangzhou; Structure, Mechanical
Engineering, Fire Engineering,
LEED: Arup Shanghai, Arup LEED Hong
Kong; Traffic Consultant: MVA Transport
Consultants; Facade Consultant:
Reinhardt Facade Technology
(Shanghai) Ltd; Overseas Lighting
Consultant: ag Licht, Bonn; Local
Lighting Consultant: LEOX Design
Partnership, Shanghai; Landscape
Consultant: TOPO Design Group. LLC,
Shanghai; Quantity Surveyor: Davis

Langdon & Seah Consultancy, Shanghai;
MEP Consultant (interior): SAIYO,
Shanghai

ERASMUS BRIDGE, ROTTERDAM,
THE NETHERLANDS, 1990–1996
CLIENT: ONTWIKKELINGSBEDRIJF
ROTTERDAM, NETHERLANDS
UNSTUDIO: Ben van Berkel with Freek
Loos, Hans Cromjongh and Ger Gijzen,
Willemijn Lofvers, Sibo de Man,
Gerard Nijenhuis, Manon Patinama,
John Rebel, Ernst van Rijn, Hugo
Schuurman, Caspar Smeets, Paul
Toornend, Jan Willem Walraad, Dick
Wetzels, Karel Vollers
ADVISORS: Engineering:
Ingenieursbureau Gemeentewerken
Rotterdam

NATIONAL STADIUM JAPAN,
TOKYO, JAPAN, 2012
CLIENT: JAPAN SPORT COUNCIL
UNSTUDIO: Ben van Berkel, Gerard
Loozekoot with Frans van Vuure, Filippo
Lodi and Jan Kokol, Tina Kortmann,
Wendy van der Knijff
ADVISORS: Local Architect: Yamashita
Sekkei Inc. (JV with UNStudio); Stadium
Engineering: Arup; Stadium Facilities:
Amsterdam Arena; Urban Planning:
Tokyo City University, Faculty of
Urban Life Studies; Landscape Design:
Placemedia, Landscape Architects
Collaborative

EUROPEAN SCHOOL,
STRASBOURG, FRANCE,
2011
CLIENT: VILLE DE STRASBOURG
UNSTUDIO: Ben van Berkel, Gerard
Loozekot with Wesley Lanckriet and
Deepak Jawahar, Filippo Lodi, Joerg
Petri, Milena Stopic, Miguel Noë,
Perrine Planché, Patrik Noome, Didar
Hussein, Ali Asghar
ADVISORS: Local Architect: Antonelli
Herry Architectes; Daylight Advisors:
Arup; Engineering: OTE Ingenierie;
Sustainability: Otélio (group OTE);
Acoustics: Euro sound project;
Landscape: Linder Paysage

SITTABLE, PROOFF, 2010
CLIENT: PROOFF
UNSTUDIO: Ben van Berkel, Caroline Bos
with Juergen Heinzel, William de Boer
and Machteld Kors, Martijn Prins,
Daniela Hake
ADVISORS: PROOFF - Leo Schouten,
Tim Orriens, Antoinette Veneman; Arco
– Willem van Ast, Jorre van Ast en Roelof
Jansen; Jurgen Bey

STUDIO SERIES, OFFECCT, TIBRO,
SWEDEN, 2012
CLIENT: OFFECCT
UNSTUDIO: Ben van Berkel, Caroline
Bos with William de Boer, Mark
Anthoni Friedhoff and Marcin Mejsak,
Maurits Fennis
ADVISORS: Offecct: Anders Englund
with Kurt Tingdal, Annette Mathiesen
and Joachim Schubert, Mats Grennfalk

THEATRE OF IMMANENCE, PORTIKUS,
FRANKFURT AM MAIN, GERMANY, 2007
UNSTUDIO/SAC: Ben van Berkel, Johan
Bettum with Luis Etchegorry and Asterios
Agkathidis, Brennan Buck & Igor Kebel,
Holger Hoffmann, Jonas Runberger, Gabi
Schillig, Florencia Colombo, Dani Gal
ADVISORS: Projections: MESO Web
Scapes, MESO Digital Interiors

YONGJIA WORLD TRADE CENTRE,
WENZHOU, CHINA, 2013
CLIENT: SHANGHAI WORLD TRADE
(SHANGHAI) HOLDINGS GROUP
UNSTUDIO: Ben van Berkel, Astrid Piber
with Hannes Pfau, Ger Gijzen, Juliane
Maier, Martin Zangerl and Sontaya
Bluangtook, Amanda Chan, Albert
Gnodde, Jan Kokol, Patrik Noome,
Mo Lai, Jan Rehders, René Rijkers,
Stefano Rocchetti, Shuang Zhang
ADVISORS: Landscape Consultant:
Loos van Vliet; Structure Consultant:
Arup Shanghai; Sustainability
Consultant: Arup Hong Kong

THREE MUSEUMS ONE SQUARE,
GUANGZHOU, CHINA, 2013
CLIENT: ADMINISTRATION OF CULTURE,
PRESS, PUBLICATION, RADIO

AND TELEVISION OF GUANGZHOU MUNICIPALITY
BUREAU OF SCIENCE AND INFORMATION TECHNOLOGY OF GUANGZHOU MUNICIPALITY
GUANGZHOU CITY CONSTRUCTION INVESTMENT GROUP
UNSTUDIO: Ben van Berkel, Caroline Bos, Astrid Piber with Juergen Heinzel, Mo Ching Ying Lai and Marc Salemink, Tom Minderhoud, Luke Tan, Soungmin Yu, Thomas van Bekhoven, Philipp Meise, Yi-Ju Tseng, Di Wu.
UNSTUDIO SHANGHAI: Hannes Pfau with Emma Wang, Yeojoon Yoon, Kai Liao CSADI: 高思, 汤鹏, 曾真
ADVISORS: Lighting Design: Bartenbach; Traffic, Sustainability and Structure: Arup; Landscape: BAM-USA

WORLD HORTICULTURAL EXPO PAVILION, QINGDAO, CHINA, 2011–2014
CLIENT: OFFICE OF 2014 QINGDAO WORLD HORTICULTURAL EXPO EXECUTIVE COMMITTEE
UNSTUDIO: Ben van Berkel, Hannes Pfau, Gerard Loozekoot with Markus van Aalderen, Joerg Petri, Milena Stopic, Yu-Chen Liu and Cong Ye, Irina Bogdan, Xing Xiong, Maud van Hees, ShuoJiong Zhang, Philipp Mecke, Maya Alam, Junjie Yan, Gilles Greis, Subhajit Das, Erwin Horstmanshof, Faiz Zohri, Andrew Brown, Patrik Noomé, Amanda Chan, Nanang Santoso
ADVISORS: COMPETITION STAGE: Landscape Architect: !melk landscape architecture PC, New York; Theatre Advisor: Theateradvies bv, Amsterdam; Structure: Arup, Amsterdam; MEP: Arup, Hong Kong.
CONSTRUCTION STAGE: Structure Engineering: Qingdao Architectural Design Institute (QUADI); MEP Engineering: Qingdao Architectural Design Institute (QUADI); Facade Engineering: Senyang Yuanda Aluminium Industry Engineering CO.,LTD-Special Project Group.;

Lighting Design: Tsinghua Tongfang; Local Architect: Qingdao Architectural Design Institute Corporation

LONDON MEANDER BRIDGE, NINE ELMS-PIMLICO, LONDON, UK, 2015
CLIENT: THE LONDON BOROUGH OF WANDSWORTH
UNSTUDIO: Ben van Berkel with Wouter de Jonge, Imola Berczi and Milena Stopic, Jay Tsai, Kristoph Nowak, Yuxiao He, Kris Ki Yoon Kil
ADVISORS: Engineering: Buro Happold; Landscape Design: Gustafson Porter; Mobility & Cycling: Goudappel Coffeng; Lighting Design: Speirs + Major; Placemaking: Future City

GALLERIA CENTERCITY, CHEONAN, KOREA, 2008–2010
CLIENT: HANWHA GALLERIA
UNSTUDIO: Ben van Berkel, Astrid Piber with Ger Gijzen, Marc Herschel and Marianthi Tatari, Sander Versluis, Albert Gnodde, Jorg Lonkwitz, Tom Minderhoud, Lee Jae-young, Woo Jun-seung, Constantin Boincean, Yu-chen Lin Interior: Ben van Berkel, Astrid Piber with Ger Gijzen, Cristina Bolis and Veronica Baraldi, Lee Jae-young, Felix Lohrmann, Kirsten Hollmann, Albert Gnodde, Martijn Prins, Joerg Lonkwitz, Malaica Cimenti, Florian Licht, William de Boer, Grete Veskiväli, Eelco Grootjes, Alexia Koch
ADVISORS: Executive Architect, Site Supervision, Landscape Architect: GANSAM Architects & Partners, Seoul; Facade Consultant: KBM Co. LTD; Light Design: ag Licht, Bonn; Content Programmer: Lightlife, Berlin/Cologne; Way-finding Designer: Geerdes Ontwerpen, Delft; Structural Engineer: Kopeg Engineering; Electrical Engineer: Ilshin E&C; Mechanical Engineer: Sahmwon MEC; Civil Engineer: CG E&C

DREAM HOUSE, BERLIN, GERMANY, 1996
CLIENT: UNDISCLOSED
UNSTUDIO: Ben van Berkel with Gianni Cito, Thomas Dürner, Astrid Schmeing

STAR PLACE, KAOHSIUNG, TAIWAN, 2006–2008
CLIENT: PRESIDENT GROUP, KAOHSIUNG, TAIWAN
UNSTUDIO: Ben van Berkel, Caroline Bos, Astrid Piber with Ger Gijzen, Christian Veddeler, Mirko Bergmann, Albert Gnodde, Sebastian Schott, Freddy Koelemeijer, Katja Groeger, Jirka Bars, Andreas Brink, Simon Kortemeier, Shu Yan Chan
ADVISORS: Lighting Design: UNStudio with Arup Lighting, Amsterdam; Facade Animation Content: UNStudio with Lightlife (Cologne) and Alliance Optotek Corporation (Hsinchu); Executive Architects: HCF Architects, Planners & Associates, Taipei; Interior Design: Dynasty Design Corp, Taipei; Design Coordination: Mulberry Planning and Design, Taipei

HANJIE WANDA SQUARE, WUHAN, CHINA, 2011–2013
CLIENT: WUHAN WANDA EAST LAKE REAL STATE CO., LTD
UNSTUDIO: Ben van Berkel, Caroline Bos, Astrid Piber with Ger Gijzen and Mo Lai, Konstantinos Chrysos, Ariane Stracke, Veronica Baraldi and Thomas van Bekhoven, Elisabeth Brauner, Rodrigo Cañizares, Luis Etchegorry, Albert Gnodde, Ka Shin Liu, Chiara Marchionni, Cynthia Markhoff, Tomas Mokry, Iris Pastor, Machiel Wafelbakker, Shuang Zhang, Jinming Feng, Xinyue Guo, Cheng Gong Model making: Patrick Noome, Todd Ebeltoft, Ali Ashgar
ADVISORS: Funnel Structure: Arup SHA; Facade: Arup SHA; Lighting Facade: ag Licht with LightLife; Local Advisors and Constructors: LDI Architecture, CSADI, Central South Architectural Design Institute, INC. 中南建筑设计院股份有限公司; LDI Facade: Beijing JinXinZhuoHong Facade Engineering Company Ltd. 北京市金星卓宏幕墙工程有限公司; LDI Interior: Beijing Qing Shang Architectural Design Engineering Co. Ltd 北京清尚环艺建筑设计院有限公司; LDI Lighting: BIAD Zheng Jian Wei lighting design studio 郑见伟照明设

计工作室; Landscape Design: Ecoland, 易兰; Main Structure: China Construction Second Engineering Bureau Ltd

NATIONAL ART MUSEUM OF CHINA (NAMOC), BEIJING, CHINA, 2010
CLIENT: NATIONAL ART MUSEUM OF CHINA
UNSTUDIO: Ben van Berkel, Caroline Bos, Gerard Loozekoot with Joerg Petri, Sander Versluis and Tatjana Gorbatschewskaja, Aurelie Hsiao, Amanda Chan, Imola Berczi, Philip Meise, Tina Kortmann, Hans Kooij, Mo Ching Ying Lai
ADVISORS: Collaborating Artist: Song Dong; Facade, Structure, MEP, Acoustic, Engineering: Bollinger & Grohmann, Frankfurt am Main

RIVM & CBG HEADQUARTERS, UTRECHT, THE NETHERLANDS, 2014
CLIENT: VOLKERWESSELS BOUW & VASTGOEDONTWIKKELING
UNSTUDIO: Ben van Berkel, Caroline Bos, Gerard Loozekoot with Jacques van Wijk, Rene Wysk and Milena Stopic, Jaap-Willem Kleijwegt, Tomas Mokry, Hans Kooij, Olivier Yebra, Nanang Santoso, Jan Kokol, Kenn Clausen, Wing Tang, Machiel Wafelbakker, Thomas van Bekhoven, Patrik Noome, Juan M. Yactayo, Xiao Lin, Jeroen van Veen, Jeroen den Hertog, Iain Jamieson, Jason Panayotou, Andres Lopez
ADVISORS: Structural / MEP Engineering: Arup; Building Physics: Cauberg-Huygen Raadgevende Ingenieurs; Laboratory Engineering and Technology: Van Looy Group, Imtech; Technical Installations: Homij Technische Installaties; Landscape Architect: Karres en Brands Landschapsarchitecten; Interior Architect: Studio Linse, Hollandse Nieuwe; Workspace Concept: DEGW, Hollandse Nieuwe

THE UNSTUDIO TOWER, AMSTERDAM, THE NETHERLANDS, 2006–2009

CLIENT: MAHLER 4 VOF, CONSORTIUM G&S VASTGOED, ASR VASTGOED, ING REAL ESTATE
UNSTUDIO: Ben van Berkel, Gerard Loozekoot with Wouter de Jonge, Erwin Horstmanshof And Holger Hoffman, Kristin Sandner, Miklos Deri, Jesca de Vries, Nanang Santoso, Lucas Galehr, Dennis Ruarus, Nanang Santoso
ADVISORS: Executive Architect: Van den Oever Zaaijer & Partners; Technical Engineering: Van Rossum, Amsterdam; Installations: Techniplan, Rotterdam

LOUIS VUITTON FLAGSTORE, JAPAN, 2006
CLIENT: LOUIS VUITTON MALLETIER
UNSTUDIO: Ben van Berkel, Caroline Bos, Astrid Piber with Mirko Bergmann and Sebastian Schott, Ger Gijzen, Cristina Bolis, Juliane Maier, Albert Gnodde, Andreas Brink, Michael Knauss, Morten Krog, Silvan Oesterle
ADVISORS: Structure, SMEP: Arup, Amsterdam; Lighting Design: Arup Lighting, Amsterdam; Facade Engineering: Arup GmbH, Berlin

COLUMBIA BUSINESS SCHOOL, NEW YORK, USA, 2009
CLIENT: COLUMBIA UNIVERSITY
UNSTUDIO: Ben van Berkel and Caroline Bos with Wouter de Jonge, Christian Veddeler, Imola Berczi and Jan Schellhoff, Elena Scripelliti, Joerg Petri, Jordan Trachtenberg, Seok Hun Kim, Nanang Santoso, Hans Peter Nuenning, Erwin Horstmannshof
ADVISORS: Executive Architect: Handel Architects LLP; Engineering Services: Structural, MEP; Sustainability, Curtain Wall: Buro Happold; Consultant Services, IT, Acoustical, Audiovisual, Security: Shen Milsom & Wilke, Inc; Lighting Design: Renfro Design; Way Finding & Signage: Mijksenaar-Arup; Vertical Transportation: Van Deussen; Expediting and Code Consulting: JAM Consultants Inc.; Estimating Consultant: Stuart – Lynn Company; Roofing and Waterproofing Consulting: Israel Berger Associates LLC

CENTRE FOR VIRTUAL ENGINEERING (ZVE), STUTTGART, GERMANY, 2006–2012
CLIENT: FRAUNHOFER-GESELLSCHAFT ZUR FÖRDERUNG DER ANGEWANDTEN FORSCHUNG E.V.
UNSTUDIO: Ben van Berkel, Harm Wassink with Florian Heinzelmann, Tobias Wallisser, Marc Herschel, Kristoph Nowak and Christiane Reuther, Aleksandra Apolinarska, Marc Hoppermann, Moritz Reichartz, Norman Hack, Marcin Koltunski, Peter Irmscher
ASPLAN: Horst Ermel, Leopold Horinek, Lutz Weber, Stefan Hausladen, Jürgen Bär, Gunawan Bestari, Joachim Deis, Bernd Hasse, Marlene Hertzler, Michael Kapouranis, Vladislav Litz, Thomas Thrun
ADVISORS: Structural Engineering: BKSI; Mechanical Engineering: Rentschler und Riedesser; Electric Engineering: IB Müller & Bleher; Landscape Architect: Gänssle + Hehr; Accoustics, Energy ENEV, Building Simulation: Brüssau Bauphysik; Fire Safety Advisor: Halfkann + Kirchner; Topographical Survey: Vermessung Hils; Geological Survey: Dr. Alexander Szichta; DGNB: KOP Real Estate Solutions

THEATRE DE STOEP, SPIJKENISSE, THE NETHERLANDS, 2008–2014
CLIENT: MUNICIPALITY OF SPIJKENISSE
UNSTUDIO: Ben van Berkel, Gerard Loozekoot with Jacques van Wijk and Hans Kooij, Lars Nixdorff, Thomas Harms, Gustav Fagerstrom, Ramon van der Heijden Tatjana Gorbachewskaja, Jesca de Vries, Wesley Lanckriet, Maud van Hees, Benjamin Moore, Henk van Schuppen, Philipp Mecke, Colette Parras, Daniela Hake, Mazin Orfali and Selim Ahmad
ADVISORS: Engineer design phase (structures and building services): Arup, Amsterdam; Engineer execution (structure and architecture): IOB, Hellevoetsluis; Advisor Installations execution phase: De Blaay – Van den Boogaard, Rotterdam; Lighting Design: Arup, Amsterdam; Theatre Technique: PB theateradviseurs, Uden; Acoustics:

SCENA akoestisch adviseurs, Uden; Fire: DGMR, Arnhem; Costs: Basalt Bouwadvies, Nieuwegein

RESEARCH LABORATORY, GRONINGEN, THE NETHERLANDS, 2003–2008
CLIENT: RIJKSUNIVERSITEIT GRONINGEN
UNSTUDIO: Ben van Berkel, Gerard Loozekoot with René Wysk, Erwin Horstmanshof and Jacques van Wijk, Wouter de Jonge, Eric den Eerzamen, Nanang Santoso, Ton van den Berg, Boudewijn Rosman, Thomas de Vries, Michaela Tomaselli, Andreas Bogenschuetz, Pablo Rica, Jeroen Tacx, Eugenia Zimmermann, Stephan Albrecht, Anika Voigt
ADVISORS: Construction: ABT, bouwtechnische adviesbureau, Velp; Installations: Deerns, Installatietechnische ingenieursbureau, Rijswijk; Installatie: Unica installatiegroep, Groningen; Urban Planner: KCAP, Rotterdam

WAALSE KROOK, URBAN LIBRARY OF THE FUTURE AND CENTRE FOR NEW MEDIA, GENT, BELGIUM, 2010
CLIENT: CVBA WAALSE KROOK
UNSTUDIO: Ben van Berkel, Caroline Bos, Gerard Loozekoot with Jacques van Wijk, Wesley Lanckriet and Jordan Trachtenberg, Ren Yee, Wendy van der Knijff , Bartek Winnicki, Aurélie Krotoff, Patrik Noome, Marcin Koltunski, Joerg Lonkwitz, Miguel Noë, Imola Berczi, Elena Scripelliti
ADVISORS: Structure: ABT, Antwerp and The Netherlands; Installations: ABT, The Netherlands; Fire: ABT, Antwerp and the Netherlands; Costs: ABT, Antwerp and The Netherlands; Local Architect: Crepain Binst Architecture, Antwerp

GOW NIPPON MOON, JAPAN, 2012
CLIENT: FERRIS WHEEL INVESTMENT CO.,LTD
UNSTUDIO: Ben van Berkel, Gerard Loozekoot with Frans van Vuure, Filippo Lodi and Harlen Miller, Jan Kokol, Wendy

van der Knijff, Todd Ebeltoft, Tina Kortmann, Patrik Noome, Jeroen den Hertog, Mariusz Polski
ADVISORS: Engineer: Arup Tokyo + Melbourne; Interactive Design: Experientia, Italy; Animation: Submarine, Amsterdam

CHICAGO MUSEUM OF FILM AND CINEMATOGRAPHY, CHICAGO, USA, 2014
CLIENT: UNDISCLOSED
UNSTUDIO: Ben van Berkel with Christian Veddeler, Ren Yee, Harlen Miller and Jan Hafner, Andres Lopez, Patrik Noome
ADVISORS: Exhibition Designer: hgmerz Structure, Sustainability and Energy Engineering: Werner Sobek; Lighting and Media Consulting: Light & Soehne

TAIWAN TAOYUAN INTERNATIONAL AIRPORT TERMINAL 3 AREA, TAIWAN, 2015
UNSTUDIO: Ben van Berkel, Caroline Bos, Astrid Piber with Ger Gijzen, Mo Lai, Martin Zangerl, Marc Salemink and Sontaya Bluangtook, Tiia Vahula, Ryszard Rychlicki, Luke Tan, Nick Roberts, Lars van Hoften, Daniele De Benedictis, Samuel Liew, Fan Wang, Angela Huang
ADVISORS: Airport Planning Architect: April Yang Design Studio; Local Executive Architect: BIO Architecture Formosana; Local Executive Engineer: Taiwan Engineering Consultants Group; Structure and Facade Consultant: Knippers Helbig; Sustainability: Transsolar; Landscape: Loos van Vliet; Way Finding: Mijksenaar; Project Management: EC HARRIS; Commercial Planning: ACTM; Commercial Planning: Portland; Lighting: AG Licht; Traffic Consultant: MVA Asia; Airport Special Systems Consultant: ADPI; MEP HVAC Consultant: Deerns; MEP HVAC Consultant: ARCADIS Hyder; Cost Consultant: ARCADIS Langdon Seah; BHS: CAGE; PMS: Lea+Elliot

THE MÖBIUS HOUSE, HET GOOI, THE NETHERLANDS, 1993–1998
CLIENT: UNDISCLOSED
UNSTUDIO: Ben van Berkel with Aad Krom, Jen Alkema and Matthias Blass, Remco Bruggink, Marc Dijkman, Casper le Fevre, Rob Hootsmans, Tycho Soffree, Giovanni Tedesco, Harm Wassink
ADVISORS: Landscape Architect: West 8, Rotterdam; Structural Engineering: ABT, Velp

MASTERPLAN AND TRAIN STATION, BOLOGNA, ITALY, 2007
CLIENT: RFI
UNSTUDIO: Ben van Berkel with Nuno Almeida and Jan Schellhoff, Zheinfei Wang, Veronica Baraldi, Juergen Heinzel, Casper Damkier, Patrik Noome, Margherita Del Grosso, Leon Bloemendaal
ADVISORS: Frigerio Design, Genova; Abt, Arnhem; Politecnica, Florence; Systematica, Milan; Design Convergence Urbanism, Madrid; Buro Happold, London; Claudio Manfreddo, Genova; Prof. Porrino, Bologna; Modulo 1, Bologna

MASTERPLAN STATION AREA, BASAURI, BILBAO, SPAIN, 2006–2011
CLIENT: BILBAO RIA 2000, BILBAO
UNSTUDIO: BASAURI MASTERPLAN STUDY: Ben van Berkel, Caroline Bos, Astrid Piber with Alicia Velazquez, Tobias Wallisser and Elke Scheier, Hamit Kaplan, Carlos Pena, Daniel Skrobek, Jan Monica, Holger Hoffmann, Pedro Jesus
STATION AREA MASTERPLAN: Ben van Berkel, Caroline Bos, Astrid Piber with René Wysk, Cynthia Markhoff and Phillipp Weisz, Rodrigo Cañizares, Iris Pastor, Mark Antoni Friedhoff, Arnd Benedikt Willert Klasing, Mieneke Dijkema, Beatriz Zorzo Talavera

QATAR INTEGRATED RAILWAY, DOHA, QATAR, 2012–2019
CLIENT: QATAR RAILWAYS COMPANY
UNSTUDIO: Ben van Berkel, Astrid Piber with Nuno Almeida, Arjan Dingsté and René Rijkers, Marianthi Tatari, Juergen

Heinzel, Rob Henderson, Jaap-Willem Kleijwegt, Tom Minderhoud, Wael Batal, Thomas van Bekhoven, Ergin Birinci, William de Boer, Sean Buttigieg, Rodrigo Cañizares, Eric Caspers, Konstantinos Chrysos, Leonhard Clemens, Bas Cuppen, Gokcen Dadas, Eric Eelman, Maurits Fennis, Giacomo Garziano, Ger Gijzen, Albert Gnodde, Ricardo Guedes, Maud van Hees, Maarten Heinis, Lars van Hoften, Marc Hoppermann, Sebastian Janusz, Nemanja Kordić, Dennis Krassenburg, Samuel Liew, Guomin Lin, Chiara Marchionni, Alberto Martinez, Gerben Modderman, Martin Neumann, Patrik Noome, Kristoph Nowak, Maurizio Papa, Bruno Peris, Marcos Polydorou, Clare Porter, Attilio Ranieri, Stefano Rocchetti, Thys Schreij, Georgios Siokas, Ariane Stracke, Luke Tan, Yi-Ju Tseng, Menno Trautwein, Gerasimos Vamvakidis, Laertis Vassiliou, Sander Versluis, Philip Wilck, JooYoun Yoon, Martin Zangerl, Shuang Zhang, Meng Zhao, Jennifer Zitner, Seyavash Zohoori
ADVISORS: Structure, MEP: RHDHV; Facade Engineering: Inhabit; Lighting Engineering: ag licht; Wayfinding: Mijksenaar; Passenger Flow Analysis: MIC – Mobility in Chain; Fire and Life Safety: AECOM

BRUSSELS AIRPORT CONNECTOR, BRUSSELS, BELGIUM, 2011
CLIENT: THE BRUSSELS AIRPORT COMPANY NV
UNSTUDIO: Ben van Berkel, Gerard Loozekoot with Wesley Lanckriet and Joerg Petri, Maud van Hees, Milena Stopic, Perrine Planché, Deepak Jawahar, Hans Kooij, Benjamin Moore
ADVISORS: Local Architect: M. & J-M. Jaspers-J. Eyers & Partners; Structural Advisors: Ney+Partners and Technum-Tractebel Engineering

KRUUNUSILLAT BRIDGE, HELSINKI, FINLAND, 2012
CLIENT: CITY OF HELSINKI
UNSTUDIO: Ben van Berkel with Arjan Dingsté and Marc Hoppermann,

Seyavash Zohoori
ADVISORS: Steel Structures, Concrete Structures, Geotechnical, Master Planning, Lighting, Sustainability: Arup; Landscape: FCG – Finish Consulting Group

UNION STATION, LOS ANGELES, USA, 2012
CLIENT: METRO
UNSTUDIO: Ben van Berkel, Caroline Bos with Wouter de Jonge, and Imola Berczi, Aurélie Hsiao and Martin Zangerl, Stefano Rocchetti, Elisabeth Brauner, Qiyao Li
ADVISORS – PRIMARY TEAM: Large Scale Design: EE&K a Perkins Eastman company; Architecture, Iconic Places: UNStudio; Rail and Infrastructure Engineering, Constructability: Jacobs; Facility Engineering, Energy, Sustainability, Performance Modeling: Buro Happold

NEW STREET STATION, BIRMINGHAM, ENGLAND, 2008
CLIENT: NETWORK RAIL
UNSTUDIO: Ben van Berkel with Nuno Almeida, Cynthia Markhoff and Shany Barath, Zhenfei Wang, Rikjan Scholten, Jan Schellhoff, Michal Masalski
ADVISORS: Buro Happold, London

EDUCATION EXECUTIVE AGENCY AND TAX OFFICES, GRONINGEN, THE NETHERLANDS, 2006–2011
CLIENT OF THE CONSORTIUM: DUTCH GOVERNMENT BUILDINGS AGENCY (RGD)
CLIENT UNSTUDIO: CONSORTIUM DUO² (STRUKTON, BALLAST NEDAM, JOHN LAING)
UNSTUDIO: Ben van Berkel, Caroline Bos, Gerard Loozekoot, with Jacques van Wijk, Frans van Vuure, Lars Nixdorff and Jesca de Vries, Ramon van der Heijden, Alicja Mielcarek, Eric den Eerzamen, Wendy van der Knijff, Machiel Wafelbakker, Timothy Mitanidis, Maud van Hees, Pablo Herrera Paskevicius, Martijn Prins, Natalie Balini, Peter Moerland, Arjan van der Bliek, Alexander

Hugo, Gary Freedman, Jack Chen, Remco de Hoog, Willi van Mulken, Yuri Werner, René Rijkers, Machteld Kors, Leon Bloemendaal, Erwin Horstmanshof
ADVISORS: Interior: Studio Linse; Structure, Installations: Arup; Landscaping: Lodewijk Baljon; Wayfinding: Buro van Baar; Internal Logistics: YNNO; Acoustics: DGMR; Fire Prevention: EFPC; Prefab Structure: Ingenieursbureau Wassenaar; Drawing Agency: BTS Bouwkundig Tekenburo Sneek; Maintenance: ISS Nederland B.V; Environmental Technology: Peutz; Ecology: WUR (Wageningen University & Research centre); Management and Costing: Strukton Bouw en Vastgoed

ASTANA EXPO 2017, ASTANA, KAZAKHSTAN, 2013
CLIENT: NATIONAL COMPANY ASTANA
UNSTUDIO: Ben van Berkel, Caroline Bos, Gerard Loozekoot with Filippo Lodi, Frans van Vuure and Harlen Miller, Nemanja Kordić, Hema Priya Kabali, Ben Kolder, Chenqi Jia, Patrik Noome, Iain Jamieson
ADVISORS: Masterplan Infrastructure, Economics, Sustainability, Engineering: ATKINS Middle East, U.A.E; Interactive Design: Experientia, Italy

TOUR BIOCLIMATIQUE, PARIS, FRANCE, 2011
CLIENT: BOUYGUES IMMOBILIER
UNSTUDIO: Ben van Berkel, Caroline Bos with Arjan Dingsté and Marianthi Tatari, Marc Hoppermann, Joerg Lonkwitz, Kristoph Nowak, Aurelie Hsiao, Neil Keogh
ADVISORS: Structural Engineer: Bollinger + Grohmann Sarl, Klaas De Rycke

HANWHA HEADQUARTER BUILDING, SEOUL, SOUTH KOREA, 2013 TO PRESENT
CLIENT: HANWHA LIFE
UNSTUDIO: Competition phase: Ben van Berkel, Astrid Piber with Ger Gijzen and Sontaya Bluangtook, Shuang Zhang, Luke Tan, Yi-Ju Tseng, Albert Gnodde,

Philip Knauf; Internal consultants: Martin Zangerl and Juergen Heinzel; Schematic Design: Ben van Berkel, Astrid Piber with Ger Gijzen and Martin Zangerl, Sontaya Bluangtook, Jooyoun Yoon and Alberto Martinez
ADVISORS: Landscape Consultant and Designer: Loos van Vliet; Facade and Sustainability Consultant: Arup Hong Kong; Lighting Consultant Interior and Facade: AG Licht

RESEARCH PROJECT – CONSTRUCT PV, WITH CONSTRUCT PV CONSORTIUM, ONGOING
UNSTUDIO: Ben van Berkel, Astrid Piber, Nuno Almeida, Machteld Kors with Ger Gijzen, Tom Minderhoud and Marc Hoppermann, Albert Gnodde, Shuang Zhang, Guangkai Liang, Alberto Martinez, Shifan Deng, Patrik Noomé, Sarah Roberts, Samuel Lieuw, Daniele de Benedictis, Valentin Goetze, Haoxing Yang
IN COOPERATION WITH THE PARTNERS FROM THE CONSTRUCT-PV CONSORTIUM: Züblin, D'Appolonia, Fraunhofer-ISE, NTUA, AMS, SUPSI, ENEA, TU Dresden, Meyer Burger and Tegola Canadese. ("*Beneficiary Number: 999504588*") to grant agreement N° ENER/FP7/295981/CONSTRUCT-PV (relating to project *Constructing buildings with customizable size PV modules integrated in the opaque part of the building skin (Construct PV)* [www.constructpv.eu]

THE W.I.N.D. HOUSE, NORTH-HOLLAND, THE NETHERLANDS, 2008–2014
CLIENT: UNDISCLOSED
UNSTUDIO: Ben van Berkel, Caroline Bos, Astrid Piber with Ger Gijzen, René Wysk and Luis Etchegorry, William de Boer, Elisabeth Brauner, Albert Gnodde, Cheng Gong, Eelco Grootjes, Daniela Hake, Patrik Noome, Kristin Sandner, Beatriz Zorzo Talavera
ADVISORS: Structural Engineer: Pieters Bouwtechniek, Haarlem; Mechanical, plumbing: Ingenieursburo Linssen bv.,

Amsterdam; Electrical and Domotica: Elektrokern Solutions, Alkmaar; Building Physics: Mobius Consult, Driebergen; Interior Design: UNStudio, Tim-Alkmaar, Alkmaar; Landscape Design: UNStudio; Lighting Design: Elektrokern Solutions, Alkmaar; Special Acoustics: Hans Koomans Studio Design, Amsterdam; Cost Management: Basalt bouwadvies bv., Nieuwegein, Studio Bouwhaven bv.

MASTERPLAN HANGZHOU NEW DISTRICT, HANGZHOU, CHINA, 2010
CLIENT: HANGZHOU RAILWAY INVESTMENT CO., LTD.
UNSTUDIO: Ben van Berkel, Caroline Bos, Gerard Loozekoot with Filippo Lodi, Marcin Koltunski and Jae Young Lee, Colette Parras, Valerie Tam, Zhuang Zahng, Lingxiao Zhang, Ramon van der Heijden, Ren Yee, Bartek Winniki, Tomas Mokry
ADVISORS: Landscape: Or/else; Engineering: Arup Shanghai

[RESEARCH PROJECT]: OSIRYS PROJECT, WITH THE OSIRYS CONSORTIUM, ONGOING
UNSTUDIO: Ben van Berkel, Astrid Piber With Ger Gijzen, Rob Henderson, Filippo Lodi, Machiel Wafelbakker, Hema Kabali, Shuang Zhang, Thys Schreij, Valentin Goetze, Hoaxiang Yang, Guangkai Liang, Albert Gnodde, Angela Huang
RESEARCH PARTNERS: Tecnalia, Acciona, VTT, Fraunhofer, AIMPLAS, IVL, Townhall of Tartu, Tecnaro, NetComposites, Omikron, Amorim Cork Composites, Enar, Bergamo Tecnologie, Visesa, Sicc, Conenor and Collanti Concorde.
[http://osirysproject.eu/] *The research leading to these results has received funding from the European Community`s Seventh Framework Programme EeB NMP 2013-2 under grant agreement 609067.*

SOHO HAILUN PLAZA, SHANGHAI, CHINA, 2011
UNSTUDIO: Ben van Berkel, Caroline Bos, Hannes Pfau with Gordana Jakimovska, Guomin Lin and Alan Kim,

Craig Yan, Fabian Mazzola, Gang Liu, Irina Bogdan, Yichi Zhang
ADVISORS: LDI: TJAD; Facade: CEC; Lighting: FLSI

THE SCOTTS TOWER, SINGAPORE, 2010–2015
CLIENT: FAR EAST ORGANISATION
UNSTUDIO: Ben van Berkel, Astrid Piber with Ger Gijzen, Konstantinos Chrysos, Luis Etchegorry, Cynthia Markhoff, Elisabeth Brauner, Shany Barath, Thomas van Bekhoven, Iris Pastor, Rodrigo Cañizares, Albert Gnodde, Mo Ching Ying Lai, Grete Veskiväli, Philipp Weisz, Samuel Bernier Lavigne, Lukasz Walczak, Alicja Chola, Cheng Gong
ADVISORS: Executive Architect: ONG&ONG, Singapore; Project Management: Arcadis, Singapore; Landscape Architect: Sitetectonix, Singapore; Structural Engineer: KTP Consultants, Singapore; Mechanical Engineer: United Project Consultants, Singapore; Interior Design (Residential Units): Creative Mind Design, Singapore

LUXEXPO EXHIBITION CENTRE AND KIRCHBERG STATION, LUXEMBOURG, 2010
CLIENT: FONDS D'URBANISATION ET D'AMÉNAGEMENT DU PLATEAU DE KIRCHBERG
UNSTUDIO: Ben van Berkel, Caroline Bos with Arjan Dingsté, Marianthi Tatari and Sander Versluis, Joerg Lonkwitz, Kristoph Nowak, Tomas Mokry
ADVISORS: Local Architect: Ballini, Pitt and Partners, Luxembourg; Engineering: Arup, Amsterdam

INTERNATIONAL INVESTMENT SQUARE, BEIJING, CHINA, 2009
CLIENT: BEIJING GUORUI REAL ESTATE DEVELOPMENT CO., LTD.
UNSTUDIO: Ben van Berkel, Caroline Bos, Astrid Piber with Hannes Pfau, Luis Etchegorry, Hans Peter Nuenning and Kristina Madsen, Malaica Cimenti, Junjie Yan, Shi Yang, Veronica Baraldi, Nannang Santoso, Albert Gnodde, Ramon van der Heijden, Jeorg Lonkwitz

ADVISORS: Engineering Consultant: Arup Shanghai, Arup International Consultants (Shanghai)Co., Ltd; Cost Assessment: WT Partner, Beijing

V ON SHENTON, SINGAPORE, 2010–2016
CLIENT: UIC INVESTMENTS (PROPERTIES) PTE LTD
UNSTUDIO: Ben van Berkel, Astrid Piber with Nuno Almeida and Ariane Stracke, Cristina Bolis; Derrick Diporedjo, Florian Licht, Gustav Fagerström, Hal Wuertz, Jaap Baselmans, Jaap-Willem Kleijwegt, Rob Henderson, Patrick Kohl, Juliane Maier, René Rijkers, Martin Zangerl, Zhongyuan Dai, Jeong Eun Choi, Wing Tang, Stefano Rocchetti, Sander Versluis, Jay Williams, Jae Young Lee
ADVISORS: Local Architect: Architects 61 Pte Ltd; Structural Engineer: DE Consultants (S) Pte Ltd; M&E Consultant: J Roger Preston (S) Pte Ltd; Quantity Surveyor: KPK Quantity Surveyors

LIGHT*HOUSE, AARHUS, DENMARK, 2007–2013
CLIENTS: MUNICIPALITY OF AARHUS KEOPS DEVELOPMENT K/S FREDERIKSBJERG EJENDOMME ARBEJDERNES ANDELS BOLIGFORENING BOLIGFORENINGEN RINGGÅRDEN
UNSTUDIO: Ben van Berkel, Caroline Bos with Christian Veddeler, Astrid Piber and Markus van Aalderen, Juliane Maier, Michael Knauss, Morten Krog
3XN: Kim Herforth Nielsen with Bodil Nordstrøm, Børge Motland, Christina Melholt Brogaard, Jørgen Søndermark, Kim Christiansen, Klaus Mikkelsen, Michael Kruse, Per Damgaard-Sørensen, Rikke Sørensen , Rikke Zachariasen, Rune Bjerno Nielsen, Stefan Nors Jensen, Stine Hviid Jensen, Thomas Meldgaard Pedersen, Tommy Bruun
GEHL ARCHITECHTS: Jan Gehl, Helle Søholt with Ewa Westermark
ADVISORS: Consulting Engineers: Grontmij, Carl Bro

OMOTESANDO, MEIJI DORI, TOKYO, JAPAN, 2008
CLIENT: TOKYU LAND CORPORATION
UNSTUDIO: Ben van Berkel, Caroline Bos, Astrid Piber with Florian Heinzelmann, Rudi Nieveen, Patrick Noome and Marina Bozukova
ADVISORS: Local Architect: Kanji Matsushita

TWOFOUR54 ZONE, ABU DHABI, UAE, 2009
CLIENT: TWOFOUR54°
UNSTUDIO: COMPETITION PHASE: Ben van Berkel, Astrid Piber with Arjan Dingste and Filippo Lodi, Jesper Christensen, Joerg Petri, Kristin Sandner, Mirko Bergmann, Sander Versluis, Stefano Rochetti; CD, SD, DD PHASES: Ben van Berkel, Astrid Piber with Nuno Almeida and Albert Gnodde, Andreas Bogenschuetz, Ariane Stracke, Chiara Marchionni, Jeong Eun Choi, Florian Licht, Ger Gijzen, Gustav Fagerström, Iris Pastor, Jaap Baselmans, Jaap-Willem Kleijwegt, Jay Williams, Ka Shin Liu, Kristin Sandner, Margherita Del Grosso, Martin Zangerl, Mirko Bergmann, Patrick Noome, René Rijkers, Rob Henderson, Silvia Filucchi, Stefano Rocchetti, Thomas van Bekhoven
ADVISORS: Executive Architect: Adamson Associates International, Toronto; Public Spaces: Diller Scofidio + Renfro, New York; Broadcast Designer: Janson + Tsai Design Associates, Ridgefield; Systems Engineering: Buro Happold, New York

DANCE PALACE, ST. PETERSBURG, RUSSIA, 2009 TO PRESENT
CLIENT: PETERSBURG CITY LLC
UNSTUDIO: Ben van Berkel, Gerard Loozekoot with Christian Veddeler, Wouter de Jonge and Jan Schellhoff and Kyle Miller, Maud van Hees, Hans-Peter Nuenning, Arnd Willert, Nanang Santoso, Imola Berczi, Tade Godbersen, Patrik Noome

ADVISORS: Executive Architect: Grigoriev & Partners; Facade, Structure, MEP, Acoustic: Arup; Theatre Consultant: Theateradvies bv, Amsterdam and TDM, St. Petersburg; Engineering: ARUP

WATERFRONT TOWERS, HAMBURG, GERMANY, 2010
CLIENT: GROSS & PARTNER / ÜBERSEEQUARTIER BETEILIGUNGS GMBH
UNSTUDIO: Ben van Berkel, Caroline Bos with Christian Veddeler, Jan Schellhoff, Ren Yee, Adi Utama
ADVISORS: Structural Engineer: WTM, Hamburg; Fire Engineering: HHPBerlin; MEP: Pinck Ingenieure, Hainburg; Facades: Priedemann Fassadenberatung, Grossbeeren

GRAND MUSÉE DE L'AFRIQUE, ALGIERS, ALGERIA, 2013
CLIENT: ARPC – AGENCE NATIONALE DE GESTION DES REALISATIONS DES GRANDS PROJECTS DE LA CULTURE
UNSTUDIO: Ben van Berkel, Caroline Bos, Gerard Loozekoot with Wesley Lanckriet and Filippo Lodi, Harlen Miller, Jan Kokol, Wendy van der Knijff, Nemanja Kordić, Jan Rehders, Chenqi Jia, Patrik Noome, Jeroen den Hertog, Iain Jamieson
ADVISORS: Associate Architect: ATSP; Structural Engineers: Bollinger&Grohmann; MEP Engineers: SETEC; Museographer: Studio Adeline Rispal; Lighting Design: Licht Kunst Licht AG; Museum Programme: AP'Culture

RESEARCH PROJECT – SORBA PANELING SYSTEM, WITH SORBA PROJECTS BV., 2013
UNSTUDIO: Ben van Berkel with Marc Hoppermann, Konstantinos Chrysos, Seyavash Zahoori, Martin Zangerl, Shuang Zhang
RESEARCH PARTNERS: Sorba: Jan Kosters, Mark Baks, Harold Reuvers, Wouter Siedenburg, Renko Landeweerd, Henk te Paske, Jan Maarten Lieverdink

UNX2, AMSTERDAM, THE
NETHERLANDS, UNITED NUDE, 2015
CLIENT: UNITED NUDE
UNSTUDIO: Ben van Berkel with Harlen
Miller and William de Boer
ADVISORS: United Nude: Rem D.
Koolhaas with Michal Kukucka

RINGROAD DEN BOSCH, THE
NETHERLANDS, 1999–2010
CLIENT: RWS BOUWDIENST AFDELING
BRUGGENBOUW
UNSTUDIO: Ben van Berkel, Gerard
Loozekoot with Eric den Eerzamen,
Jacques van Wijk and Ton van den Berg,
Markus Berger, Jeroen Tacx, Andreas
Bogenschütz, Khoi Tran, Robert Munz,
Christian Bergman, Ramon Hernandez,
Colette Parras, Eric Copoolse,
Katrin Hartel, Ken Okwondo,
Marcel Buis

THEATRE AGORA, LELYSTAD,
THE NETHERLANDS, 2002–2007
CLIENT: MUNICIPALITY OF LELYSTAD
UNSTUDIO: Ben van Berkel, Gerard
Loozekoot with Jacques van Wijk and Job
Mouwen, Holger Hoffmann, Khoi Tran,
Christian Veddeler, Christian Bergmann,
Sabine Habicht, Ramon Hernandez,
Ron Roos, Rene Wysk, Claudia Dorner,
Markus Berger, Markus Jacobi, Ken
Okonkwo, Jorgen Grahl-Madsen
ADVISORS: Executive Architect: B+M,
Den Haag; Theatre Technique: Prinssen
en Bus Raadgevende Ingenieurs, Uden;
Engineering: Pieters Bouwtechniek,
Almere; Acoustics/Fire Strategy: DGMR,
Arnhem

FIVE FRANKLIN PLACE,
NEW YORK, USA, 2007
CLIENT: SLEEPY HUDSON LLC
UNSTUDIO: Ben van Berkel, Gerard
Loozekoot with Wouter de Jonge,
Holger Hoffmann, Kristin Sandner,
Jack Chen, Miklos Deri, Christian Hoeller,
Nanang Santoso, Derrick Diporedjo,
Erwin Horstmanshof, Colette Parras,
Stefan Nors Jensen, Jesca de Vries
ADVISORS: Executive Architect: Montroy
Andersen, Inc. NY; Structural Engineer:

Gilsanz Murray Steficek LLP; Mechanical
Engineer: Marino Gerazounis & Jaffe
Associates, INC, NY

HEM (LIVING LANDSCAPES),
CARPET CONCEPT, GERMANY,
2012
CLIENT: CARPET CONCEPT
UNSTUDIO: Ben van Berkel, Caroline
Bos with William de Boer, Collette Parras
and Maurits Fennis
ADVISORS: Thomas Trenkamp,
Nadine Reibholz, Cathrin Jungnickel,
Axel Huecker

HOLIDAY HOME, PHILADELPHIA,
USA, 2006
CLIENT: INSTITUTE FOR
CONTEMPORARY ART, PHILADELPHIA
UNSTUDIO: Ben van Berkel, Caroline Bos
with Christian Veddeler, Job Mouwen,
Thomas de Vries

SEATING STONES, HERRENBERG,
GERMANY, WALTER KNOLL, 2012
CLIENT: WALTER KNOLL
UNSTUDIO: UNStudio: Ben van Berkel,
Caroline Bos with William de Boer,
Martijn Prins and Filippo Lodi, Maurits
Fennis
ADVISORS: Walter Knoll: Markus Benz
and Jurgen Rohm

VI PALAZZO ENI,
SAN DONATO MILANESE,
MILAN, ITALY, 2011
CLIENT: ENI, ENISERVIZI
UNSTUDIO: Ben van Berkel,
Gerard Loozekoot with Filippo Lodi,
Frans van Vuure and Deepak Jawahar,
Alicia Casals, Hans Kooij, Wendy
van der Knijff, Marie Prunault,
Machiel Wafelbakker, Patrik Noome,
Xing Xiong
ADVISORS: Sustainability, Urban,
Facade, Structure, MEP, Acoustic,
Fire, Food: ARUP, Milan; Landscape:
!melk landscape architecture PC,
New York; Mobility: MIC, Milan;
BSM: Experientia, Turin; Culture-
Historic: Dorothea Deschermeier,
Mendrisio

BEETHOVEN CONCERT HALL, BONN,
GERMANY, 2014
CLIENT: DEUTSCHE POST DHL
UNSTUDIO: Ben van Berkel, Gerard
Loozekoot with René Wysk, Filippo Lodi
and Alexander Kalachev, Maud van Hees,
Nanang Santoso, Jingbo Yan, Claudia
Mayer
ADVISORS: Acoustics, Structure,
MEP, Sustainability: Arup; Landscape:
Topotek1; Lighting: AG Licht; Auditorium
Design: Theateradvies bv

XINTIANDI INSTALLATION, SHANGHAI,
CHINA, 2014
CLIENT: CHINA XINTIANDI
UNSTUDIO: Ben van Berkel, Hannes Pfau
with Garett Hwang, Gil Greis, and Maya
Alam, Iris Pastor, Kyle Chou, Caroline
Smith, Severin Tuerk
ADVISORS: Structure: Arup Shanghai

OBSERVATION TOWER, GRONINGEN,
THE NETHERLANDS, 2011 TO PRESENT
CLIENT: NATUURMONUMENTEN
UNSTUDIO: Ben van Berkel with Arjan
Dingsté and Marianthi Tatari, Marc
Hoppermann, Kristoph Nowak, Tomas
Mokry, Dorus Faber
CASE STUDY PARTNERS: UNStudio, ABT,
Haitsma Beton, BAM Utiliteitsbouw

LA DEFENSE, ALMERE,
THE NETHERLANDS, 1999–2004
CLIENT: EUROCOMMERCE, DEVENTER
UNSTUDIO: Ben van Berkel with Marco
Hemmerling, Martin Kuitert, Henri Snel,
Gianni Cito, Olaf Gisper, Yuri Werner,
Marco van Helden, Eric Kauffman, Katrin
Meyer, Tanja Koch, Igor Kebel, Marcel
Buis, Ron Roos, Boudewijn Rosman,
Stella Vesselinova

知识平台成员名单

PARTNER RESPONSIBLE: Astrid Piber
SUPPORTED BY: Machteld Kors and Sarah Roberts

INNOVATIVE ORGANISATIONS PLATFORM
COORDINATORS: Sander Versluis, Tina Kortmann
CONTRIBUTING MEMBERS: Adi Utama, Andreas Bogenschuetz, Aurelie Hsiao, Clare Porter, Crystal Tang, Eleni Koumpli, Ergin Birinci, Haoxiang Yang, Jan Schellhoff, Jeronimo Mejia, Julia Gottstein, Konstantinos Chrysos, Marianthi Tatari, Mateusz Halek, Phoebe Leung, Qi Wang, Ryszard Rychlicki, Roman Kristesiashvili, Sontaya Bluangtook, Yan Ma

ACHITECTURAL SUSTAINABILITY PLATFORM
COORDINATOR: Milena Stopić
CONTRIBUTING MEMBERS: Adrian Subagyo, Alex Tahinos, Andras Botos, Andreas Bogenschuetz, Bart Chompff, Bruno Peris, Chao Qi, Chenqi Jia, Crystal Tang, Dana Behrman, Eleni Koumpli, Ergin Birinci, Erwin Horstmanhof, Fernando Herrera, Frans van Vuure, Georgios Siokas, Ger Gijzen, Grisha Zotov, Hans Kooij, Haoxiang Yang, Harlen Miller, Iris Pastor, Jan Rehders, Jan Schellhoff, Joel Matsson, Jörg Petri, Julia Gottstein, Konstantinos Chrysos, Kris (Ki Yoon) Kil, Lei Yu, Maria Zafeiriadou, Marko Vukovic, Mazin Orfali, Mathias Karuzys, Nick Roberts, Nuno Almeida, René Toet, Roman Kristesiashvili, Romina Hafner, Samuel Liew, Santiago Medina, Shankar Ramakrishnan, Sontaya Bluangtook, Thomas Harms, Thys Schreij, Tom Minderhoud, Tomas Mokry, Valentin Goetze, Wesley Lanckriet, Xiang Chang

SMART PARAMETERS PLATFORM
COORDINATOR: Marc Hoppermann
CONTRIBUTING MEMBERS: Adrian Subagyo, Albert Gnodde, Alexander Kalachev, Alexander Tahinos, Alexandra Virlan, Angela Huang, Ayax Abreu Garcia, Bao An Nguyen Phuoc, Dana Behrman, Evangelia Poulopoulou, Fan Wang, Gerben Modderman, Harlen Miller, Jae Geun Ahn, Joel Matson, Julia Gottstein, Kenn Clausen, Kyle Tousant, Lieneke van Hoek, Luke Tan, Martin Zangerl,

Megan Hurford, Mircea Mogan, Nuno Almeida, Oana Nituica,
Olga Kovrikova, Patrik Noome, Philipp Meise, Piotr Kluszczynski,
René Toet, Sarah Roberts, Shankar Ramakrishnan, Shuang Zhang,
Sontaya Bluangtook, Wael Batal

INVENTIVE MATERIALS PLATFORM
COORDINATOR: Filippo Lodi
CONTRIBUTING MEMBERS: Alexander Leck, Alexander Tahinos,
Arjan Dingste, Chao Qi, Cristina Bolis, Ger Gijzen, Jaap-Willem
Kleijwegt, Jacques van Wijk, Jae Geun Ahn, Konstantinos Chrysos,
Ksymena Borcynska, Mateusz Halek, Mathias Karuzys, Maud van Hees,
Patrick Kidney, Patrik Noome, René Toet, Rob Henderson, Roman
Kristesiashvili, Shankar Ramakrishnan, Thomas Blundell, William de
Boer, Xiang Chang

RESEARCH COORDINATION:
COORDINATOR: Rob Henderson
CONTRIBUTING MEMBERS: Ger Gijzen, Tom Minderhoud

精选书籍
和出版物

2016
*Spaces of Flow -
Arnhem Central Station*
Interactive e-book
Available for iPad on
the App Store

2012
UNStudio in Motion
Phoenix Publishing and
Media Group,
Hong Kong

2010
*Reflections - Small Stuff
by UNStudio*
MIDAS Printing,
Hong Kong

2006
Buy Me a Mercedes-Benz
Actar, Barcelona

Design Models
Thames & Hudson, London

Forget About the Architects
UmBau, Vienna

UNStudio
Space, Seoul

2003
Love it Live it
Monograph issue by
DD Magazine,
Seoul

2002
UNFold
NAi Publishers,
Rotterdam

1999
Move
Goose Press,
Amsterdam

Museum Het Valkhof
Goose Press,
Amsterdam

Rem and Ben
A+U, Tokyo

Diagram Work
Guest editor Caroline Bos and Ben van
Berkel, ANY, New York

1995
Ben van Berkel
Monograph issue by *El Croquis 72.I*,
Madrid

1994
Mobile Forces
Monograph by Ernst & Sohn, Berlin

1993
Delinquent Visionaries
A collection of essays by 010 Publishers,
Rotterdam

1992
Ben van Berkel
Monograph by 010 Publishers,
Rotterdam

历年获奖精选

2016
Architizer A+Awards 2016, Arnhem
Central Station
Singapore Good Design Award –
SG Mark Gold, SUTD

2015
Roof of the Year 2015, Arnhem
Central Station
iProperty.com People's Choice
Awards, Ardmore Residence
German Design Award 2015, HEM
(Living Landscapes)

2014
International Property Awards –
Best Residential High Rise Architecture
UK, Canaletto
Sunday Times British Homes
Awards, Canaletto
Hugo-Häring-Auszeichnung 2014,
Centre for Virtual Engineering (ZVE)

2013
MIPIM AR Future Projects Award,
Residential – Commended, Canaletto
Red Dot Award Product Design,
Seating Stones
European Steel Design Award,
Kutaisi International Airport
Eurpean Steel Design Award, Arnhem
Central Platform Roofs

2012
Europäischer Architekturpreis Energie +
Architektur 2012 – Recognition, ZVE

Green Dot Awards, 1st Prize, ZVE
28th International Lighting Design
Award, Collector's Loft

2011
RIBA International Award, Galleria
Centercity
Bentley Award. Innovation in Building,
Education Executive Agency & Tax
Offices

2010
Urban Land Institute Award for
Excellence, MUMUTH Music Theatre
Graz
Asia Pacific International Property
Award, Galleria Centercity
Award of Merit, AIA New York City, New
Amsterdam Plein & Pavilion

2009
Red Dot Award, Best of the Best, MYchair
Hugo-Häring Preis 2009, Mercedes-Benz
Museum

2008
Hugo-Häring Preis – Guter Bauten,
Mercedes-Benz Museum
The International Architecture Award,
Mercedes-Benz Museum
Architekturpreis Beton 2008, Mercedes-
Benz Museum,

2007
Charles Jencks Award 2007 – Vision Built
Architect of the Year 2006 – 2007

Nominee Mies van der Rohe Award 2007,
Mercedes-Benz Museum

2006
Red Dot Design Award, Circle
Sofa Ingenieurbau-Preis 2006,
Mercedes-Benz Museum

2005
Nominee Mies van der Rohe Award,
La Defense
ANWB, Best Parking Garage, Arnhem
Central Parking Garage
AIT Best of Europe, Color Award,
La Defense

2004
Belgian Steel Award, Prince Claus Bridge
British Steel Award, Prince Claus Bridge

2003
1822-Kunstpreis 2003,
Mercedes-Benz Museum

2001
Nominee Mies van der Rohe Award,
Het Valkhof Museum

1999
Dutch Concrete Award, Möbius House

1991
Charlotte Köhler Award

1983
Eileen Gray Award

图片来源

著作权合同登记图字：01-2023-4499号

图书在版编目（CIP）数据

UNSTUDIO知识赋能：建筑设计的11种工具 =
KNOWLEDGE MATTERS / （荷）本·范·伯克尔
（Ben van Berkel），（荷）卡罗琳·博斯
（Caroline Bos）著；裴俊等译. —北京：中国建筑工
业出版社，2023.9
书名原文：Knowledge Matters
ISBN 978-7-112-29205-9

Ⅰ.①U… Ⅱ.①本… ②卡… ③裴… Ⅲ.①建筑设
计—计算机辅助设计—应用软件 Ⅳ.①TU201.4

中国国家版本馆CIP数据核字（2023）第186415号

KNOWLEDGE MATTERS

Ben van Berkel & Caroline Bos / Edited by Nick Roberts

ISBN 978-94-91727-98-6

© FRAME Publishers, 2016

Chinese translation © China Architecture Publishing & Media Co., Ltd.

本书经荷兰 FRAME 出版社和 UNSTUDIO 授权我公司在中国出版发行。

责任编辑：孙书妍　刘　静
责任校对：张　颖

本书作者及编写人员

Ben van Berkel, Caroline Bos

及

Nick Roberts, Karen Murphy and Imola Bérczi,

Marc Hoppermann, Tina Kortmann,

Filippo Lodi, Milena Stopić, Sander Versluis

版式设计（英文版）（本书沿用英本版图片设计）

Reinhard Steger, Christian Schärmer,

Maria Martí Vigil. PROXI.ME

UNSTUDIO 知识赋能 建筑设计的11种工具
KNOWLEDGE MATTERS

［荷］ 本·范·伯克尔（Ben van Berkel）
卡罗琳·博斯（Caroline Bos） 著

裴　俊　陈　曦　毕懋阳　黄永辉　译

*

中国建筑工业出版社出版、发行（北京海淀三里河路9号）

各地新华书店、建筑书店经销

北京锋尚制版有限公司制版

北京富诚彩色印刷有限公司印刷

*

开本：965毫米×1270毫米　1/16　印张：25　字数：269千字

2023年10月第一版　　2023年10月第一次印刷

定价：298.00元

ISBN 978-7-112-29205-9

（41057）

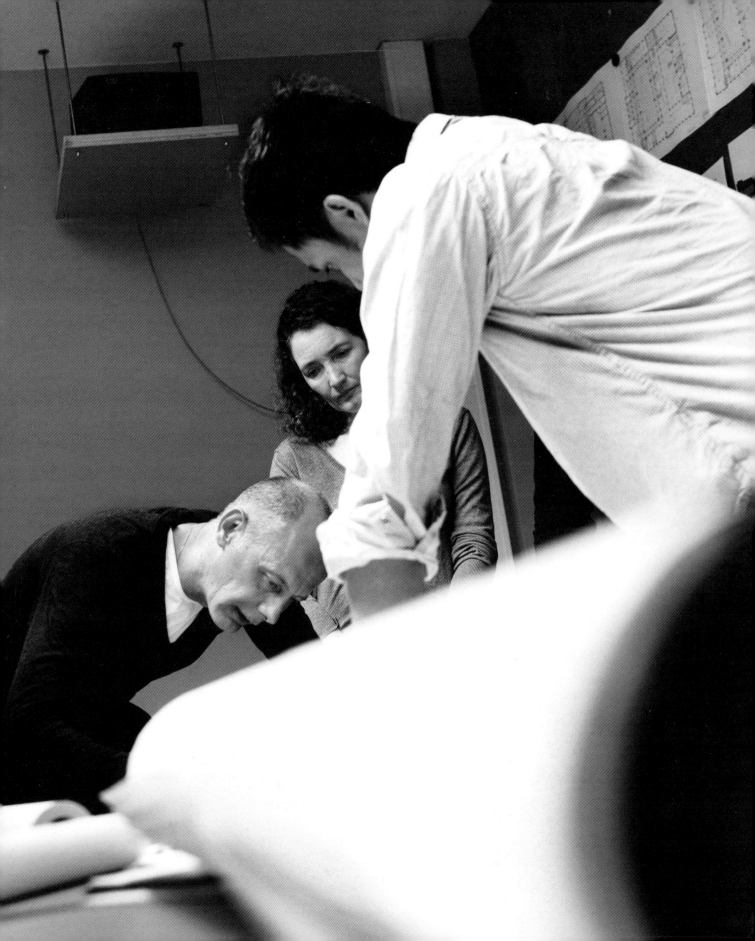